Photoshop 2022 摄影后期修图 +商业合成实战

张跃旻 / 著

U0262337

人民邮电出版社
北京

图书在版编目（CIP）数据

Photoshop 2022摄影后期修图+商业合成实战 / 张跃旻著. -- 北京：人民邮电出版社，2024.8
ISBN 978-7-115-63518-1

Ⅰ. ①P… Ⅱ. ①张… Ⅲ. ①图像处理软件 Ⅳ. ①TP391.413

中国国家版本馆CIP数据核字(2024)第011020号

内 容 提 要

本书在讲解技术的同时注重激发读者的灵感，帮助读者从基础开始，通过后期合成，一步步实现在作品中表达自己想法的目的。本书不仅讲解了Photoshop中合成常用的设置、工具和功能，以及构图、色彩、抠图、溶图，还讨论了素材库的打造方法、合成思路的培养方法与进阶的方法。

本书适合设计专业学生、摄影爱好者和后期合成爱好者阅读。

◆ 著　　　　张跃旻

责任编辑　张天怡

责任印制　陈　犇

◆ 人民邮电出版社出版发行　　北京市丰台区成寿寺路 11 号

邮编　100164　　电子邮件　315@ptpress.com.cn

网址　https://www.ptpress.com.cn

中国电影出版社印刷厂印刷

◆ 开本：787×1092　1/16

印张：15.5　　　　　　　2024 年 8 月第 1 版

字数：340 千字　　　　　2024 年 8 月北京第 1 次印刷

定价：79.00 元

读者服务热线：(010)81055410　印装质量热线：(010)81055316
反盗版热线：(010)81055315
广告经营许可证：京东市监广登字 20170147 号

前　言

　　本书适合摄影爱好者或者对后期合成感兴趣的读者阅读。技术本来就没有速成的说法，网上有很多合成教程，但知识点混杂且太过零散，只适于处理一些特定的情况，无法真正满足展现灵感和创意的需求，而系统地学习比掌握零散的合成技术更重要。

　　本书共9章，主要内容如下。

　　第1章通过举例的方式帮助读者打破规则，回归技术和思想。

　　第2章着重介绍Photoshop的界面设置和后期合成中常用的工具及功能。

　　第3~5章主要介绍构图、色彩、抠图和溶图等后期合成需要的知识与技术。

　　第6章着重介绍素材的获取、制作和管理。

　　第7章主要介绍重塑思路、重叠思路和融合思路，并结合一些摄影合成案例，讲述如何拓展思路。

　　第8章通过3个案例将所学内容串联起来。

　　第9章讨论在创意和审美方面的拓展，将知识拓展到书本之外。

　　由于篇幅有限，本书只能讲解部分常用且相对容易掌握的后期合成方法，很多内容无法详细阐述，例如，如果一一列举抠图和溶图的方法，将会占用大量篇幅。然而，万变不离其宗，原理应该与书中的内容相似。本书列举的一些方法和流程用于帮助读者掌握Photoshop的使用方法，将心中所想转换为作品，所以在阅读本书时，读者要举一反三，探索更多可能。

　　随着科技的进步，特别是随着人工智能的发展，软件能够辅助我们提高后期合成的效率和素材的收集与制作，所以读者不可拘泥于书中所讲。希望读者通过本书激发自己的创意和想法，以相机和Photoshop作为创作的工具，用作品来传递和表达自己的思想。

张跃旻

目　　录

第 1 章
让摄影少一些故步自封，多一些天马行空

第 2 章
合成常用的设置、工具和功能

第 3 章
构图与色彩

第 4 章
抠图技术

第 5 章
溶图技术

第 6 章
打造强大的素材库

第 7 章
培养独特的合成思路

第 8 章
Photoshop 合成综合案例

第 9 章
进阶修炼

第 1 章
让摄影少一些故步自封，
多一些天马行空

本章导读

摄影是没有限制的，摄影可以依托于现实，也可以高于现实。纵观摄影史，摄影的包容性其实远比我们想象的强。在创意摄影过程中，很多时候限制我们的不是"规则"，而是自己的技术和思想。

本章要点：

· 摄影后期合成；

· 摄影后期合成的意义；

· 在正确的场合运用摄影后期合成技术。

1.1 摄影不应该被设限

也许当下还有人会指着摄影合成作品毫不留情地批评道："摄影作品应该客观地记录，这种合成的作品也叫摄影吗？这也太假了吧。""这张照片一点也不真实。"甚至会有人立马"宣判"："这根本不是摄影作品。"

下面先谈谈摄影"客观记录"这件事，这应该是对摄影最大的误解。

在图1-1所示的场景中，当摄影师通过取景让照片里只有小孩和气球时，如图1-2所示，你就会觉得这个小孩肯定因为拿不到气球而哭泣；当照片中只有小孩和狗时，如图1-3所示，你就会觉得小孩一定因为害怕狗而哭泣；当照片里只有小孩和地上的玩具时，如图1-4所示，你则会觉得这个小孩一定因为摔坏了玩具而哭泣。

图1-1

图1-2

图1-3

图1-4

由此可见，摄影其实并没有我们想象中那么客观，当摄影师把事物"凝固"在一个有边框的平面上时，以什么角度拍摄、用什么镜头拍摄、框选什么内容……都是由摄影师自己决定的，而这些决定或多或少都会影响照片的"真实性"与"客观性"。摄影师框选什么，就能表达什么，这些融入了摄影师想法的照片直接影响着观者从照片里获取的信息，也影响着观者对现实的判别。

是不是没有做后期修图的照片就是真实的呢？

拍摄于1945年的《胜利之吻》相信读者一点也不陌生，由于照片经典且极具象征意义，还被后人做成了雕塑，如图1-5所示。每年8月14日都有数百对男女在时代广场重现《胜利之吻》的精彩瞬间。但其实这张照片是阿尔弗里达·艾森施泰特根据《生活》杂志主编的要求，特地找两

图1-5

个模特摆拍的。

所以没有经过后期处理的照片也不见得就很"真实"，但"不真实"并不影响它们成为传世之作。

将拍摄的内容百分之百真实地呈现真的那么重要吗？

摄影的应用广泛，当研究人员、调查人员、科学家把相机当作记录工具时，确实能将被摄物真实、客观地定格，搭配文字可以更好地记录和说明当时的情况。摄影不仅是一种记录手段，还可以作为视觉艺术的创作手段，这取决于应用的环境和使用的人。摄影和绘画这两种艺术形式都源于现实生活，画家可以按照自己的意图，在创作时融入自己的想法，而相机和后期技术就像是画家手中的纸和笔，画家可以做的，摄影师当然也可以。摄影可以注重记录，把真实的细节完美地呈现，但摄影也可以注重表达。当前期拍摄的照片无法完整地表达摄影师的想法时，就需要通过后期处理来辅助完成，此时能够传递摄影师想表达的东西才是最重要的，因此摄影不应该受到束缚和限制。

1.2 摄影的包容性远比想象的强

其实只要稍微深入了解一下摄影史就不难发现，摄影合成并不稀奇，摄影的包容性远比我们想象中的强。

图1-6所示的作品是《两种人生》，由奥斯卡·古斯塔夫·雷兰德拍摄于1857年，是最早的蒙太奇范例，由32张底片合成。拍摄时，预先画好草图，然后利用模特、道具安排场面，后期在暗房进行加工。照片以一则北欧的古老传说为题材，讲述的是一位父亲带着两个儿子来到了人生路口，一个儿子勤奋好学、积极能干，另一个则浪荡不羁、懒惰无能，最终两人拥有两种截然不同的人生。

图1-6

图1-7是杰利·尤斯曼的摄影作品。他使用传统的暗房制作技法，通过多架放大机将不同底片上的影像叠合在一幅画面上，制作了合成艺术图像。

图1-7

图1-8是郎静山的摄影作品。郎静山是我国摄影界的大师级人物，独创了集锦摄影，运用绘画技巧与摄影暗房曝光交替重叠的方式，拼合出如国画般的风光摄影作品，通过摄影把诗情画意以自己的方式表达出来。

图1-8

不论是在早期摄影，还是在当代摄影中，都使用合成的方法进行创作。看了以上摄影作品，你是否对摄影有一些不同的看法了呢？

其实从摄影被看作一门艺术起，它的作用就不再是记录了。影像的意义其实远远大于你所看到的一张照片，早期的摄影师需要一间暗房、诸多设备和复杂的操作来完成合成创作，而如今的摄影师只需要一台计算机就能轻松搞定了。在创作越来越方便的今天，我们应该发挥和运用设计软件的优势，而不是摒弃和排斥。

1.3 限制创作的从来不是"规则"

常见的一些摄影平台或比赛对摄影后期合成的尺度要求的大致汇总如图1-9所示。

少量后期 合成的尺度要求	适量后期 合成的尺度要求	大量后期 合成的尺度要求	后期合成 合成的尺度要求
适当调整对比度、亮度和色彩	大幅度的调色与影调改变、杂物去除、接片、堆栈、曝光合成、景深合成等	焦段合成、时间合成、局部变形、动感模糊、添加少量鸟和人物等元素	大幅度改色、蒙版合成，以及替换天空等摄影创意合成
已基本被国内外各类摄影大赛接受	被越来越多的摄影比赛认可	逐渐被摄影爱好者接受，在各大摄影交流平台上日益流行	不受图库和摄影交流平台限制，部分比赛和网站为此增加了创意作品的分类

图1-9

平时我们接触的摄影社区（如米拍、500px、图虫等）是不会限制后期尺度的，即使签约图库也没有对后期合成的尺度有任何限制。只有特定的摄影比赛才会设置一些规则。因此后期合成到什么尺度，能不能合成，要看具体用途和环境。综上，其实摄影后期合成并无对错，关键是尺度恰当。

有部分摄影爱好者觉得后期合成是不可取的，他们崇尚"直出为王"，发布作品时也不忘标注"原片直出"。这类摄影爱好者大多对后期合成持排斥的态度，也不喜欢运用后期合成技术进行创作。

有些摄影爱好者则是有想法，想创作，却不会后期合成技术，也就无从下手。他们能够清醒地认识到自己的不足，因此能不能进步就看他们愿不愿意深入学习、掌握后期合成技术了。不难看出，限制创作的不是"规则"，而是自己的思想和技术。

第 2 章
合成常用的设置、工具和功能

本章导读

本章着重介绍 Photoshop 的界面设置和后期合成中常用的工具与功能，目的是按照由浅入深的方式，帮助读者为后面各章的学习做好准备。对于自学后期修图和基础比较薄弱的读者，建议仔细阅读本章，并且根据文字描述进行实际操作和反复练习，这样便能在后面的学习中更加高效地掌握相关知识点。

本章要点：

· 摄影后期合成中常用的设置，以及相关工具和功能的使用方法；

· Photoshop 中常用的快捷键。

2.1 调整界面设置

为了确保在后面的操作演示中界面的一致性，这里建议读者对Photoshop 2022的界面进行调整。

2.1.1 工作界面调整

Photoshop允许用户对工作界面进行自定义，关闭一些用不到的功能，提高后期工作效率。在工具属性栏的右侧找到 □ 按钮并单击，弹出的菜单如图2-1所示。在其中选择"摄影"，这样软件便会自动调整界面，以便用户进行摄影后期操作。

图2-1

设置完成后会得到图2-2所示的工作界面。为了方便后面的操作描述，图中已将工作界面中各区域的名称标注出来了。

在一些较复杂的后期合成工作中，通常需要建立大量的图层与蒙版，所以需要确保面板区中"图层"面板的显示区域足够大，这样在进行后期合成操作时，就能更加方便地选择和切换图层。

"调整"面板中所有添加调整图层的选项都可以通过单击面板区下方的 ● 按钮来查找，如图2-3所示。因此可以关闭"调整"面板来增大"图层"面板的显示区域。

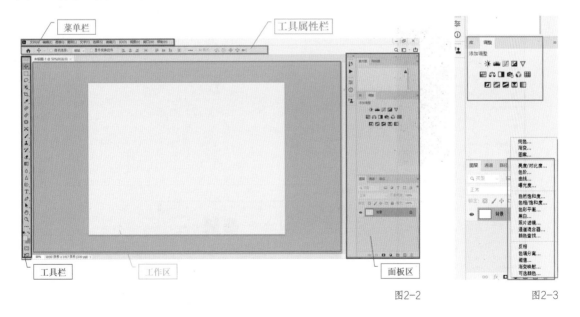

图2-2   图2-3

单击"调整"面板右侧的 ≡ 按钮，在弹出的列表中选择"关闭选项卡组"，如图2-4所示，将该选项卡组关闭，以获得更大的"图层"面板显示区域。

调整完成后得到图2-5所示的工作界面。

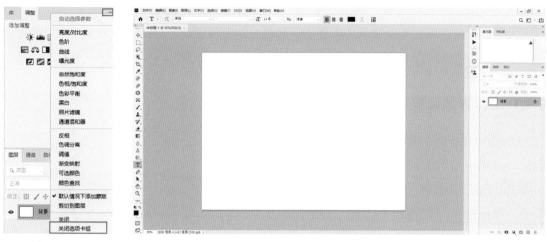

图2-4　　　　　　　　　　　　　　　　　　　　　　　图2-5

2.1.2 界面颜色调整

为了使图书的印刷效果良好，笔者将Photoshop的界面设置成了灰白色。如果读者想将界面颜色改成自己喜欢的颜色，可以选择菜单栏中的"编辑"→"首选项"→"界面"，如图2-6所示。

弹出的"首选项"对话框显示了4种颜色方案，如图2-7所示。单击需要的颜色，界面会根据所选颜色实时发生改变。

图2-6　　　　　　　　　　　　　　　　　　　　　　　图2-7

2.1.3 界面复位

如果在操作过程中误删或误移动了一些需要的面板，只需要在工具属性栏的右侧找到 ▣ ▾ 按钮并单击，在弹出的菜单中选择"复位摄影"，如图2-8所示，就能将Photoshop界面恢复到默认状态。

2.2 合成的常用工具和功能

图2-8

为了使后面的合成操作学习起来更加流畅，下面先介绍后期修图和合成中使用频率较高的工具与功能。

2.2.1 移动工具

"移动工具" ✛ 在界面左侧的工具栏中，如图2-9所示，快捷键为V。使用"移动工具"可以将选定的图层或内容移动到需要的位置。选择该工具后鼠标指针会变成 ▸✛，此时可拖曳某个图层或在需要的位置指定选区。在工具属性栏中可以自定义工具的设置或进行对齐等操作。

图2-9

2.2.2 选区工具

选区工具是进行抠图和局部调整操作的基础。为了在不同的图像中都能进行快速的选区操作，Photoshop提供了各种选区工具，这些选区工具都能在工具栏中找到。Photoshop将同类型的选区工具整合在了一起，如图2-10所示。只有充分了解这些选区工具的特性和应用环境，才能轻松、高效地完成后期合成。

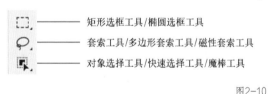

矩形选框工具/椭圆选框工具
套索工具/多边形套索工具/磁性套索工具
对象选择工具/快速选择工具/魔棒工具

图2-10

1. 矩形选框工具/椭圆选框工具

"矩形选框工具" ⬚ 与"椭圆选框工具" ◯ 被整合在 ⬚ 中，右击 ⬚ 按钮将出现隐藏的工具，如图2-11所示。此类工具的快捷键为M，按Shift+M快捷键可以在"矩形选框工具"与"椭圆选框工具"之间快速切换。

图2-11

"矩形选框工具"与"椭圆选框工具"的使用方式相同，"矩形选框工具"用来创建矩形选区，"椭圆选框工具"用来创建圆形或椭圆形选区。选择某个工具后，只需要在工作区中拖曳鼠标指针，即可画出相应选区。在拖曳时按住Shift键，可以创建出正方形和圆形选区。在操作过程中如果选区绘制错误，可以按Ctrl+D快捷键取消选区。

2. 套索工具/多边形套索工具/磁性套索工具

"套索工具" ○、"多边形套索工具" ▷与"磁性套索工具" ▷被整合在○中，如图2-12所示。此类工具的快捷键为L，按Shift+L快捷键可在"套索工具""多边形套索工具""磁性套索工具"之间快速切换。

图2-12

其中"套索工具"的自由度最高，选择"套索工具"后，鼠标指针会变为 ，拖曳便可自由绘制选区。

"多边形套索工具"用于创建边缘为直线的多边形选区，选择该工具后，鼠标指针会变为 。与"套索工具"不同的是，用"多边形套索工具"绘制的线条会被限制为直线，因此该工具适合用来绘制边缘为直线的多边形选区，操作时只需要在转角处单击，便可轻松创建多边形选区。如果点选位置错误，按Delete键，删除当前点选位置。

"磁性套索工具"适合在物体边缘与背景对比较明显的情况下使用，选择该工具后，鼠标指针会变为 。在绘制选区时，在物体边缘单击以设置起始固定点，沿着物体边缘移动鼠标指针，Photoshop便会根据分析结果将线条自动吸附在物体边缘。当回到起始固定点后，鼠标指针会变成 ，单击便能完成选区的绘制。

3. 对象选择工具/快速选择工具/魔棒工具

"对象选择工具" 、"快速选择工具" 与"魔棒工具" 被整合在 中，右击 按钮会出现隐藏的工具，如图2-13所示。

图2-13

此类工具的快捷键为W，按Shift+W快捷键可以在"对象选择工具""快速选择工具""魔棒工具"之间切换。

选择"对象选择工具"后，鼠标指针会变成 ，拖曳即可建立一个矩形框（也可以在工具属性栏的"模式"中将矩形更换为套索），只需要将想要选择的对象大致框住，Photoshop便会自动在该限定区域内查找并选择一个对象绘制选区。在Photoshop 2022之后的版本中，可以开启工具属性栏中的"对象查找程序"，如果Photoshop能识别图中物体，当鼠标指针悬停在图中物体上方时，Photoshop便会以蓝色叠加的方式将物体标出来（可单击 按钮，然后修改叠加颜色等），这时只需单击便可自动为该物体创建选区。

选择"快速选择工具"后，鼠标指针会变成○，按住鼠标左键在对象内部涂抹，Photoshop会自动查找对象边缘并建立选区。选择该工具后，在工具属性栏中可以自定义工具设置（如"添加到选区" 或"从选区中减去" ）。

"魔棒工具"用于快速选择颜色类似的图像区域，选择该工具后，鼠标指针会变成 ，在需要选择的颜色位置单击，Photoshop便会根据容差自动判断并建立选区。在工具属性栏中可以对容差进行调整，以扩大或缩小Photoshop识别颜色范围的容差。

2.2.3 裁剪工具/透视裁剪工具

"裁剪工具" 与"透视裁剪工具" 被整合在 图标中，右击 按钮会出现隐藏的工

具，如图2-14所示。此类工具的快捷键为C，按Shift+C快捷
键可以在"裁剪工具""透视裁剪工具""切片选择工具""切片
工具"之间快速切换。切片工具在后期合成中使用较少，因此这
里只介绍两种裁剪工具。

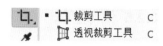

图2-14

"裁剪工具"可以用来裁切或扩展图像边缘，选择"裁剪工具"后，鼠标指针会变为 ，在
图像中拖曳可以直接设置裁剪区域。当鼠标指针移动到图像的4条边或4个角时，鼠标指针会变
成 或 。此时，如果向内拖曳图像的边或角，就可以调整裁剪区域；如果向外拖曳，则可以
扩展画布边缘。

当鼠标指针移动到图像角落以外时，鼠标指针会变成 ，此时拖曳便可以旋转裁剪区域内的图
像。按Enter键，确认裁剪。在工具属性栏中可以对长宽比或宽度和高度的具体数值进行设置。

"透视裁剪工具"用于在裁切图像的同时，校正因透视而造成的扭曲。选择"透视裁剪工具"
后，鼠标指针会变为 ，单击图2-15中左侧图内屏幕的4个角，建立透视裁剪网格，按Enter
键确认裁剪后，Photoshop会自动对裁剪区域进行透视校正，如图2-15所示。

图2-15

2.2.4 吸管工具

"吸管工具" 的快捷键为I，用于从图像中吸取颜色。选择"吸管工具"后，鼠标指针
会变成 ，单击图像中需要吸取的任意颜色，该颜色会同步变为前景色。在工具属性栏中可
以对"吸管工具"的取样大小和样本等进行设置。

小技巧 在后期制作过程中，为了对Photoshop
工作区以外的颜色进行取样，可以选
择"吸管工具"，在Photoshop工作区内，按住鼠
标左键，然后将鼠标指针移出工作区。例如，对
Photoshop外的图像中的草莓叶子和果肉部分分别
进行取色，如图2-16所示。

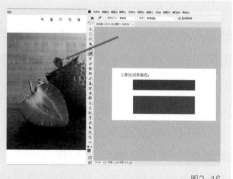

图2-16

2.2.5 修饰工具

修饰工具常用来修复画面中的瑕疵和物体或者将它们消除。常用的修饰工具有"污点修复画笔工具""修复画笔工具""修补工具""仿制图章工具"等。常用的填充功能有"填充"和"内容识别填充"功能。这4种修饰工具都能在工具栏中找到，如图2-17所示。在后期修饰过程中，使用哪种工具需要根据具体情况而定。

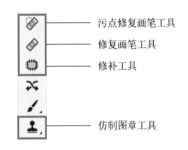

污点修复画笔工具
修复画笔工具
修补工具

仿制图章工具

图2-17

1. 污点修复画笔工具

"污点修复画笔工具" 的快捷键为J，按Shift+J快捷键能够在"污点修复画笔工具""修复画笔工具""修补工具""内容感知移动工具""红眼工具"之间快速切换。选择"污点修复画笔工具"后，鼠标指针会变成○，在需要修复的地方涂抹，Photoshop便能够自动从所选区域周围进行取样，经过计算后生成与选区周围相似的新像素，并用其覆盖所选的污点区域，达到快速清除图像中的瑕疵的目的。例如，使用"污点修复画笔工具"将橡皮快速地从画面中去除，如图2-18所示。在工具属性栏中还可以根据需要对画笔的大小和硬度、模式类型等进行设置。

图2-18

2. 修复画笔工具

"污点修复画笔工具"是通过计算并生成瑕疵附近相似的新像素对图像进行修补的，所以当瑕疵周围环境较复杂时，就可能出现处理不干净的情况。例如，使用"污点修复画笔工具"直接涂抹后，Photoshop的计算消除结果并不理想，如图2-19所示。这时就需要用到"修复画笔工具"了。

使用"修复画笔工具" 可以自由选择图像中其他任意位置的像素作为样本，Photoshop以此样本为基础来修复瑕疵。选

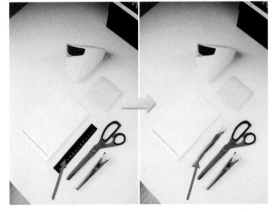

图2-19

择"修复画笔工具"后，鼠标指针同样会变成○，与使用"污点修复画笔工具"不同的是，在进行单击或涂抹修复前，需要先按住Alt键，当鼠标指针为⊕时，在画面中单击取样。取样后，再对需要修复的区域进行涂抹，这时Photoshop会自动根据取样数据，综合涂抹位置周围的情况进行计算修补，达到完美的融合效果，如图2-20所示。同样，在工具属性栏中还可以根据需要对"模式""源"等进行设置。

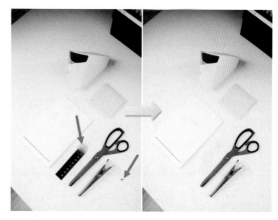

图2-20

3. 修补工具

"修补工具"♣适用于对图像中比较大的区域进行整体的识别、消除。选择该工具后，鼠标指针会变成▸♣，只需要将图像中需要修改的区域框选起来，然后将框选区域拖曳到需要仿制的区域，Photoshop便会自动进行匹配、计算、修复，如图2-21所示。在工具属性栏中可以根据需要对"修补"计算方式等进行设置。

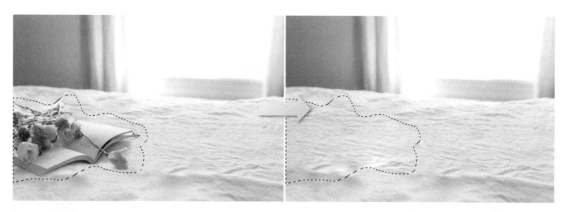

图2-21

4. 仿制图章工具

"仿制图章工具"▴的快捷键为S，按Shift+S快捷键能够在"仿制图章工具"和"图案图章工具"之间快速切换。"仿制图章工具"只会将所选复制源中的像素按照一定角度复制到目标位置，Photoshop不会对周围的像素进行计算融合。因此该工具的自由度较高，能适应多种不同的应用环境，是最常用的修复工具之一。

选择"仿制图章工具"后，鼠标指针会变成○，按住Alt键，在鼠标指针为⊕时，单击复制源以取样。然后将鼠标指针移动到需要修复的区域并进行涂抹，便能将复制源的像素同步复制到该区域，达到修复瑕疵的目的。例如，通过对相似的天空区域取样，使用"仿制图章工具"去除女孩旁边的热气球，如图2-22所示。在工具属性栏中可以根据需要对"模式""不透明度""流量""样本"等进行设置。

根据"仿制图章工具"的特性，也可以反过来使用该工具。例如，对热气球进行取样，在其他位置复制热气球，如图2-23所示。

图2-22   图2-23

5. 填充/内容识别填充

在后期合成中，"填充"和"内容识别填充"功能经常用于修复或消除图像中一些面积较大的区域。"填充"和"内容识别填充"功能需要配合选区工具使用。

在使用"填充"功能时，先用选区工具框选出需要修复的区域，然后选择菜单栏中的"编辑"→"填充"，或右击并从快捷菜单中选择"填充"（快捷键为Shift+F5）。在打开的"填充"对话框中，从"内容"下拉列表中选择"内容识别"，单击"确定"按钮，Photoshop便会根据选区周围的像素进行自动取样，以填充覆盖当前选区，如图2-24所示。

图2-24

如果需要填充的区域附近有其他物品，计算就会受到影响，也就无法达到预期效果，如图2-25所示。

当遇到类似情况的时候，需要通过手动排除告诉Photoshop哪些内容不应该用来填充选区，这就需要用"内容识别填充"功能进行更加精准的修复。例如，先用选区工具为需要修复的区域创建选区，再选择菜单栏中的"编辑"→"内容识别填充"，便能进入"内容

图2-25

识别填充"面板并进行调整；先选择工具栏中的"取样画笔工具" ，再选择"从叠加区域中减去" ，然后对不希望取样的部分进行涂抹，便可以告诉Photoshop在计算覆盖时，将这些像素排除在外，单击"确定"按钮，便能得到完美的修复效果，如图2-26所示。

图2-26

2.2.6 画笔工具

"画笔工具" 的快捷键为B。使用，"画笔工具"可以在画面中进行绘画和涂抹。在后期合成时，"画笔工具"经常用在图层蒙版的调整中。在工具属性栏中可以对画笔工具的样式、大小、硬度、模式、不透明度、流量等进行调整。选择"画笔工具"后，鼠标指针的样式会根据当前所选的画笔样式和大小发生相应的改变。画笔的颜色会受工具栏底部设置的前景色的影响。

 选择"画笔工具"，在画布上单击，按住Shift键，在线条终点位置单击，会自动在两点间生成一条线段。

2.2.7 渐变工具

"渐变工具" 的快捷键为G，可以用来制作颜色之间的渐变混合效果，在后期合成中经常用来配合选区工具打造过渡平滑的光影效果。选择"渐变工具"后，鼠标指针会变成 ，拖曳便可使用当前所选的渐变效果填充指定区域。图2-27所示便是用"渐变工具"绘制出的图像效果。在工具属性栏中可以对"渐变类型""模式""不透明度"等进行调整。设置工具栏底部的前景色和背景色能改变"渐变工具"的颜色。

图2-27

2.2.8 钢笔工具

"钢笔工具" ✐.的快捷键为P。当"钢笔工具"被作为选区工具使用时，其高自由度和可调整等特性使它成为选区创建和抠图操作中一款常用的工具。

1. 用"钢笔工具"创建路径

在后期合成中常用"钢笔工具"创建可调整的闭合路径，以得到选区或矢量蒙版。用"钢笔工具"绘制的线条的各部分名称如图2-28所示。线段上没有方向线，或只有靠近曲线的一端有一条方向线；选中曲线上的锚点会显示两条方向线，方向线的顶端为方向点，可以通过拖曳方向点来控制当前曲线的形态。选择"钢笔工具"后，鼠标指针会变成 ♦.，在工具属性栏中可以选择3种工具模式，它

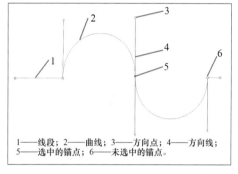

图2-28

们分别是"形状""路径""像素"。将工具模式修改为"路径"后，便可在画面中通过建立锚点和拖曳手柄绘制各种路径，路径也可以由一条或多条直线段与曲线组合而成。

要绘制线段，选择"钢笔工具"，首次单击时会设置起始锚点，在不同的位置单击均会创建新的锚点，Photoshop会自动连接各锚点，如图2-29所示。在按住Shift键并绘制直线路径时，Photoshop会将路径限制在0°（水平）方向、45°方向、135°方向或90°（垂直）方向。

要绘制曲线，在创建锚点的同时拖曳鼠标指针，沿着该锚点会延伸出两条方向线，然后在不同的位置单击，如图2-30所示。

图2-29

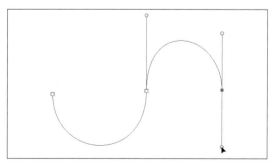

图2-30

当拖曳曲线的方向线时，两条方向线的夹角会默认保持180°，这时绘制出的曲线很平滑，该锚点被称为平滑点。为了绘制不平滑的曲线，可以按住Alt键，单独拖曳某一侧的方向线，此时该锚点变为角点。平滑点和角点如图2-31所示。

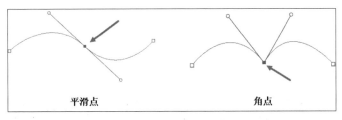

图2-31

2. 调整用"钢笔工具"绘制的路径

当绘制路径时，如果出现操作失误，可以按Delete键删除最后一段路径，按两次Delete键则会清除整条工作路径。也可以按Ctrl+Z快捷键撤销上一步操作，重复按此快捷键可实现多次撤销。

路径在创建过程中或绘制完毕后都可以进行调整和修改。在修改时，若将鼠标指针移动到路径上，鼠标指针会变成 ✎₊，单击路径便可增加锚点。如果将鼠标指针移动到锚点上，鼠标指针则会变成 ✎₋，单击便可删除该锚点。按住Ctrl键，将鼠标指针移动到锚点上，此时鼠标指针变为 ▷，单击便可选中该锚点。拖曳锚点或该锚点的方向点可以对曲线进行调整。如果按住Alt键，将鼠标指针移动到方向点上，此时鼠标指针变为 ⌐，可以单独拖曳某一侧的方向线进行调整；如果按住Alt键并单击曲线上的锚点，则该锚点会直接变为角点。单击线段，在心形路径中增加锚点；按住Alt键并单击该锚点，将该锚点转换为角点；按住Ctrl键并拖曳该角点，调整角点位置，完成心形路径的绘制，如图2-32所示。

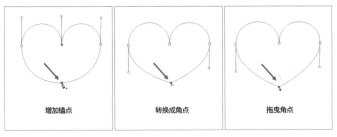

图2-32

3. 用"钢笔工具"创建选区和蒙版

使用"钢笔工具"在"路径"模式下绘制路径后，可以在工具属性栏中将路径创建为选区、蒙版或形状，如图2-33所示。按Ctrl+Enter快捷键，可以将路径直接转换为选区。

图2-33

小技巧 通过"钢笔工具"建立的矢量蒙版与图层蒙版的效果类似,但矢量蒙版可以保留用"钢笔工具"绘制的路径。也就是说,在后期制作过程中,如果使用了矢量蒙版,则可以随时通过调整路径调整蒙版的覆盖区域。"钢笔工具"的使用方法较复杂,为了熟练掌握"钢笔工具",可以通过The Bézier Game(贝塞尔游戏)来进行练习。贝塞尔游戏是一款帮助玩家练习"钢笔工具"的网页游戏,游戏的开始几关会有教学提示,要求玩家按照给出的图形进行路径绘制。玩家按照提示完成教学关卡后会进入实战关卡,实战关卡中会限制锚点数量,且每一关绘制完成后都会提示最优的锚点数量,以帮助玩家快速地掌握"钢笔工具"的用法,如图2-34所示。

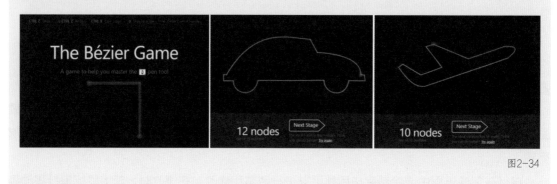

图2-34

2.2.9 图层

多个图层所组成的图像就像多块带单个元素的玻璃板的重叠。在图2-35中,分别有蓝天背景、云朵、树木和鹦鹉4块玻璃板,从正上方看它们就能得到一个重合的影像。修改时只需要对一块玻璃板上的图像进行调整,便可在不影响其他玻璃板上图像的情况下改变最终的重合效果。这就是图层的基本原理。

图2-35

选取和调整这些玻璃板的地方叫"图层"面板,如图2-36所示,可以在"图层"面板中看到每一块玻璃板的缩略图。根据需要可以对任意玻璃板进行隐藏、查看、删除、重命名、合并及调整位置等操作。

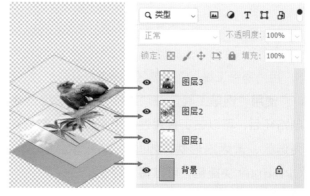

图2-36

在"图层"面板中，单击  按钮可以在最终效果中显示或隐藏相应图层。按住 Alt 键的同时单击 👁 按钮，将隐藏除当前图层外的所有图层。

在 Photoshop 中打开图像后，"图层"面板的最下面一层默认为"背景"图层。在图 2-37 中，"背景"图层右侧有一个 🔒 按钮，表示该图层受到保护。

图2-37

受到保护的"背景"图层不能改变顺序、混合模式和不透明度，如果需要修改，应先单击 🔒 按钮，取消对其的保护。取消后，图层名称会由"背景"变为"图层0"。

为了保护原始图层信息，通常不会对"背景"图层做修改，因此在进行图层操作前一般会先选择菜单栏中的"图层"→"复制图层"（快捷键为Ctrl+J），将原始"背景"图层复制后再进行操作。建议读者养成复制图层再进行操作的好习惯，以便于保护原始图层信息。

通常在后期合成时会用到多个图层，图层多了以后，想要找到某个图层进行单独修改就变得困难了。为了直观地对图层进行区分和查找，就需要对图层进行重命名，如图 2-38 所示。只需要双击图层名称就可以对其进行更改了。

双击图层名称右侧的空白区域，会弹出"图层样式"对话框，如图 2-39 所示。在"图层样式"对话框中，可以对当前图层的"样式"和"混合选项"进行调整。在 Photoshop 中，相同功能也能通过选择菜单栏中的"图层"→"图层样式"→"混合选项"实现。

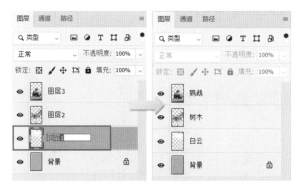

图2-38

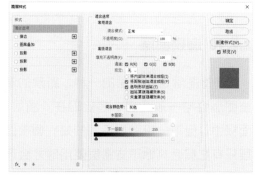

图2-39

在合成过程中常常需要通过改变图层顺序来对图层的上下关系进行调整。在"图层"面板中没有蒙版的情况下，上方图层会挡住下方图层，这时需要对图层顺序进行调整。在图 2-40 中，因为图层顺序不当，所以树木挡在了鹦鹉前面。

图2-40

19

在"图层"面板中，将"树木"图层向下拖曳到"鹦鹉"和"白云"图层之间。在拖曳到图层边缘时，两个图层之间将出现一条较粗的分割线，此时松开鼠标即可完成调整。也可以通过按Ctrl+]或Ctrl+[快捷键来向上或向下移动当前图层，而按Ctrl+ Shift+]或Ctrl+Shift+[快捷键可以直接将选中的图层置于顶部或底部。在Photoshop中，相同的功能也可以通过选择菜单栏中的"图层"→"排列"实现。调整完成后的效果如图2-41所示。

图2-41

有时候还需要调整图层的不透明度来实现简单的合成效果。在图2-42中，通过调整"摄影人物"图层的不透明度，在一张窗外景色的图片中模拟出玻璃反射效果。在调整不透明度时，需要先选中图层，然后单击"不

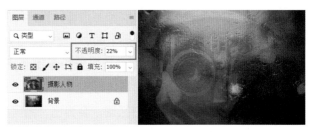

图2-42

透明度"右侧的下拉按钮，显示出调节滑块，拖曳滑块便能改变当前图层的不透明度。也可以直接在"不透明度"文字上左右拖曳来改变当前图层的不透明度。

2.2.10 调整图层

调整图层也是图层的一种，新建的调整图层会与一般图层一起出现在"图层"面板中，但与一般图层不同的是，调整图层只有在配合其他下方图层使用时才会产生作用。运用调整图层可以调整下方图层的曝光度、对比度、色相、饱和度、亮度等，相比直接在图层上进行修改，调整图层的好处在于可以随时改变相应参数，从而进行图层应用效果的修改。单击"图层"面板底部的 按钮就可以调出用于添加填充图层和调整图层的命令，如图2-43所示。

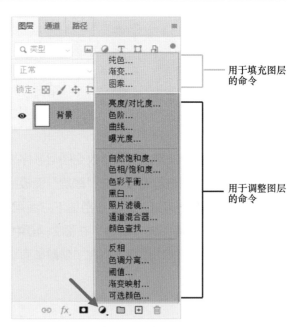

图2-43

在弹出的菜单中选择需要的调整图层类型，便可在"图层"面板中当前图层的上方建立一个独立的调整图层，对该图层进行的调整操作会影响下方所有图层。如果需要使调整效果仅作用于下方相邻的一个图层，可以通过"创建剪贴蒙版"功能来实现。如果只需要对下方图层的局部进行调整，可以通过建立图层蒙版的方式来实现。剪贴蒙版和图层蒙版的相关内容会在2.2.13节中进行讲解。

2.2.11 混合模式

混合模式就是将当前图层与下方图层按照一定的算法进行混合。在后期合成中灵活运用混合模式可以大大提高工作效率。

在Photoshop中，选中需要改变混合模式的图层后，在"图层"面板的左上方，单击"正常"下拉按钮，可以在弹出的下拉列表中找到需要的混合模式，如图2-44所示。

混合模式共有27种，具体的混合原理不用在意，只需要知道各种混合模式能实现什么效果并在后期合成过程中加以运用即可。在27种混合模式中，除了"正常"与"溶解"外，可以分为变暗组、变亮组、叠加组、差值组和色相组，如图2-45所示。后期合成中常用的混合模式有正片叠底（在变暗组中）、滤色（在变亮组中）、叠加（在叠加组中）、柔光（在叠加组中）、颜色（在色相组中）等。

图2-44

| 正常 | |
溶解	
变暗 正片叠底 颜色加深 线性加深 深色	**变暗组** 将两个图层中较亮的颜色信息去掉，较暗的颜色信息保留。
变亮 滤色 颜色减淡 线性减淡（添加） 浅色	**变亮组** 将两个图层中较暗的颜色信息去掉，较亮的颜色信息保留。
叠加 柔光 强光 亮光 线性光 点光 实色混合	**叠加组** 让图像中亮的部分更亮，暗的部分更暗，提高对比度。
差值 排除 减去 划分	**差值组** 在后期合成中几乎不会用到。
色相 饱和度 颜色 明度	**色相组** 对最终图像的色相、饱和度和明度进行改变。

图2-45

简单来说，变暗组的混合效果就是对各图层叠放的位置进行比较，将两个图层中较亮的颜色信息去掉，较暗的颜色信息保留，然后呈现出最终效果。在图2-46中，当图层混合模式调整为"变暗"后，最终画面去除了两个图层中较亮的部分，只保留了两个图层中较暗的部分。

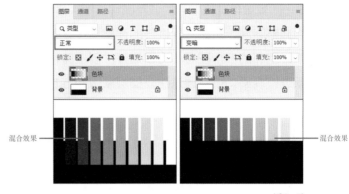

图2-46

变亮组的混合效果与变暗组的完全相反，Photoshop在计算时同样对各图层叠放的位置进行比较，将两个图层中较暗的颜色信息去掉，较亮的颜色信息保留，然后呈现出最终效果。在图2-47中，当图层混合模式调整为"变亮"后，最终画面去除了两个图层中较暗的部分，只保留了两个图层中较亮的部分。

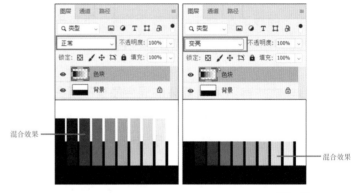

图2-47

叠加组的混合效果能将"变亮"和"变暗"都表现出来，当以"叠加"模式混合时，Photoshop会通过计算、分析来融合图层。如果下方图层比50%中性灰亮，则使用类似于"变亮"的效果进行叠加；如果下方图层比50%中性灰暗，则使用类似于"变暗"的效果进行叠加，最终使图像中亮的部分更亮，暗的部分更暗，提高对比度。在图2-48

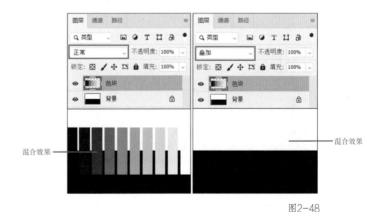

图2-48

中，在"正常"模式下，下方图层为上白下黑的状态，将上方图层的混合模式改为"叠加"后，下方图层中黑的地方因为比50%中性灰暗，所以下方图层的黑色在结果中保留；而下方图层中上半部分的白色又比50%中性灰亮，所以该图层中的白色在结果中也保留。

差值组在后期合成中几乎不会用到，因此这里不介绍。

颜色组中的混合模式能够对图层的色相、饱和度和明度进行改变。后期合成中常用"颜色"混合模式给图片上色，该混合模式能够在保留下方图层明度的前提下，对色相和饱和度进行替换。在图2-49中，将楼梯部分填充为黄色后，把混合模式改为"颜色"，轻松实现了给楼梯上色的效果。

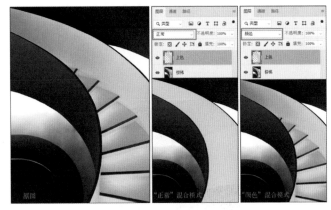

图2-49

图层的混合模式比较复杂，这里只需要对常用混合模式的效果有一个大概的印象即可，后面的案例中还会实际用到，通过实际运用，读者将更容易理解混合模式的作用和效果。

2.2.12 自由变换

"自由变换"功能用于对图层进行调整大小、旋转、变形等操作。在Photoshop中，选择菜单栏中的"编辑"→"自由变换"或按Ctrl+T快捷键，图片会进入"自由变换"状态，图片外边会出现一个带调节方块的边框，如图2-50所示。将鼠标指针移动到4个角或4条边上时，鼠标指针会变成↔，拖曳4个角或4条边可以进行图片缩放操作（如果无法执行此操作，请检查当前是否处于锁定状态的"背景"图层上）。

在进行缩放操作时，图片的长边和短边会同时发生相应改变（默认情况下，等比例缩放）。在调整时按住Shift键可以不受比例限制，单独对图片的长边或短边进行缩放调整（在Photoshop 2022之前的版本中，刚好相反，默认不受比例限制，按住Shift键才可进行等比例调节）。在调整图片大小

图2-50

的过程中，默认以调节位置的对角或对边为参考进行缩放。若按住Alt键，则会以中心点为参考点进行缩放。

23

　　当鼠标指针移动到边框外时，会变为↷，此时拖曳图片会默认以中心点为参考点进行旋转。单击上方工具属性栏中的▦按钮后，图片中会出现参考点✛，如图2-51所示。此时，按住Alt键，可以自定义旋转中心（参考点）。此外，如果在拖曳的同时按住Shift键，则图片每次只会旋转15°。

　　除了缩放和旋转外，在出现自由变换边框后，还可以右击，通过弹出的快捷菜单对图片进行"斜切""扭曲""透视""变形""旋转180度""顺时针旋转90度""水平翻转""垂直翻转"等操作，如图2-52所示。

自由变换
缩放
旋转
斜切
扭曲
透视
变形
水平拆分变形
垂直拆分变形
交叉拆分变形
移去变形拆分
内容识别缩放
操控变形
旋转180度
顺时针旋转90度
逆时针旋转90度
水平翻转
垂直翻转

图2-51　　　　　　　　　　　　　　　　图2-52

　　除了手动选择以上功能外，还可以在"自由变换"状态下，在按住Shift+Ctrl快捷键的同时拖曳边框上的方块，直接对图片进行"斜切"变形，在按住Ctrl键的同时拖曳边框上的方块，实现"扭曲"变形，在按住Alt+Shift+Ctrl快捷键的同时拖曳边框上的方块，实现"透视"变形，效果如图2-53所示。

斜切　　　　　　　　　　　扭曲　　　　　　　　　　　透视

图2-53

　　除此之外，还常使用"自由变换"中的"变形"功能。可以在"自由变换"状态下右击，在弹出的快捷菜单中选择"变形"。"变形"功能可用于实现一些复杂的局部变形效果。选择"变形"后，图片的4个角和4条边上会出现小圆点，拖曳这些小圆点可以对图片做不同的变形调整。在上方工具属性栏中可以设置不同密度的网格（Photoshop 2022之前的版本默认会出现网格），网格会限制变形的作用区域，对网格中的交叉点和方向线进行操作可以对图片的局部进行变形处理，如图2-54所示。

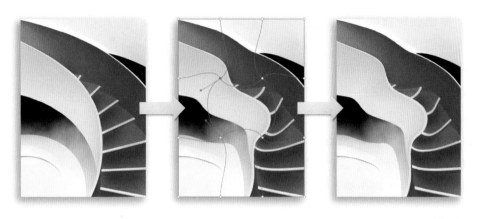

图2-54

　　除了手动控制变形效果外，还可以单击工具属性栏中的"变形"，在下拉列表中进行变形效果的选择，并根据需要对预设的"弯曲"百分比进行设置。在"变形"下拉列表中选择"扭转"变形效果后，Photoshop将自动对当前图层进行"扭转"变形，如图2-55所示。

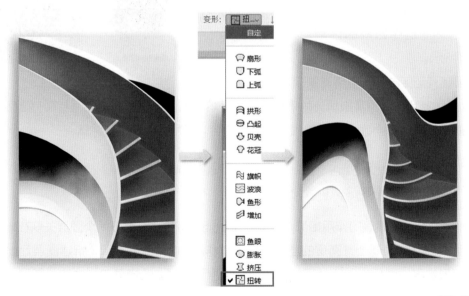

图2-55

　　在应用预设的变形效果后，还可以重新选择"自定"模式，以便对已经变形的图片进行自定义调整。

2.2.13 图层蒙版

在后期合成中最重要的工具是图层蒙版，借助图层蒙版可以在不改变原始图层数据的情况下，使用黑色或白色画笔将图层的局部区域隐藏或显示，从而无损地反复调整隐藏范围。在图2-56中，"前景树叶"图层中模糊的树叶挡住了下方"鹦鹉"图层中鹦鹉的眼睛。

如果希望在保留前景的情况下，让树叶不要挡住鹦鹉的眼睛，可以建立图层蒙版，将"前景树叶"图层的局部隐藏，使下方"鹦鹉"图层中的局部显示出来。选中"前景树叶"图层，单击"图层"面板中的 ◻ 按钮，在"前景树叶"图层旁边创建一个蒙版。在蒙版中涂抹，黑色表示隐藏涂抹区域，白色表示显示涂抹区域，灰色则使涂抹区域呈半透明状态。而刚建立的图层蒙版默认是白色的，所以还看不到任何效果。这时只需要在蒙版中使用黑色画笔进行涂抹，将"前景树叶"图层中的局部隐藏，从而显示"鹦鹉"图层中对应的区域，如图2-57所示。

图2-56

蒙版中要涂抹的区域　涂抹后蒙版的状态　最终效果

图2-57

如果在有选区的情况下创建蒙版，则Photoshop会自动将蒙版填充为黑色，将选区填充为白色。也就是说，若在有选区的情况下建立蒙版，Photoshop会自动隐藏选区外的内容，不用再手动进行涂抹。

小技巧 按Ctrl+I快捷键使蒙版反相，这样可以快速调换图片隐藏和显示的部分。另外，在创建蒙版时按住Alt键可以直接创建反相蒙版。

剪贴蒙版和图层蒙版的作用相似，但剪贴蒙版能够有效地将上下两个图层关联在一起，用下方图层的形状来限制上方图层的显示区域。其作用如图2-58所示，新建图层后，在画框内建立矩形选区，然后拖入照片素材；选中"照片"图层，选择菜单栏中的"图层"→"创建剪贴蒙版"（快捷键为Alt+Ctrl+G），为该图层创建剪贴蒙版，此时，照片的显示区域被限制在了下方图层的矩形范围内。即使任意拖曳上面的照片素材，也不会超出下方矩形的范围。也就是说，上方图层只能在该矩形区域内任意移动，移出该区域就看不到了。

图2-58

　　"创建剪贴蒙版"功能经常配合调整图层使用，因为该功能可使调整图层的效果只作用于下方相邻图层，并让下方其他图层不受影响。在图2-59中，希望通过"曲线"调整图层将"前景树叶"图层调暗，但如果直接在"曲线"调整图层中调整，会影响到下方所有图层（左图中红色区域内的图层均会受到影响）。单击曲线的"属性"面板中的 按钮，创建剪贴蒙版（使用菜单和快捷键同样有效），将曲线的作用效果限制在下方相邻图层中（此时，仅右图中红色区域内的图层受到影响），最终实现了仅使"前景树叶"图层变暗的效果。

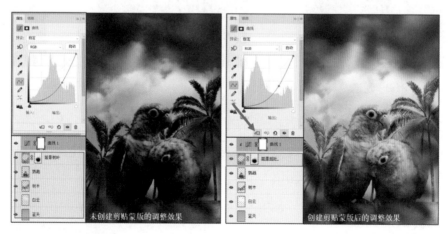

图2-59

小技巧　按住Alt键的同时，将鼠标指针移动到两个图层之间，当鼠标指针变为 时，如图2-60所示，单击便能快速在两个图层之间创建或取消剪贴蒙版。

图2-60

2.2.14 通道

单击面板区的"通道"，便可打开"通道"面板，在RGB模式下，会显示"RGB""红""绿""蓝"4个通道，如图2-61所示。

为了更清楚地表明各通道的明暗关系，Photoshop将"红""绿""蓝"这3种单色通道都用黑色、白色、灰色来显示，这样画面的明度效果会更加直观，如图2-62所示。

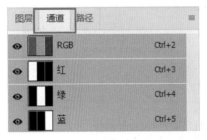

图2-61

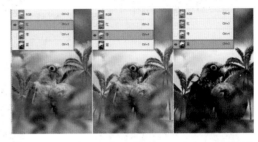

图2-62

虽然显示单色通道时画面中只有黑色、白色、灰色，但实际上红色、绿色、蓝色在其对应的通道中均以白色表示，例如，在"红"通道中，画面中红色的部分会变成白色，而绿色和蓝色部分会变成黑色；在"绿"通道中，画面中的绿色部分会变成白色，而红色和蓝色部分会变成黑色，如图2-63所示。在后期合成中，常利用该特性来对复杂的图片进行抠取。

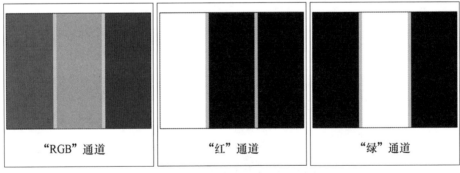

图2-63

此外，在"图层"面板中操作时使用的蒙版和存储的选区也会以黑色与白色形式保存在"通道"面板中，以方便用户随时调用。

2.2.15 内容识别缩放

"内容识别缩放"功能常用于在后期合成时扩宽场景。在图2-64中，为了方便后期创作，需要扩宽场景。复制图层后，用"裁剪工具"向外拖曳图片边缘以将画布扩宽，为扩展场景预留出足够大的画布。在下一步操作中，如果直接使

图2-64

用"自由变换"功能（快捷键是Ctrl+T）将图片向两边拉伸，那么画面中的斑马也会被拉伸变形。

为了在不影响斑马的情况下把场景扩宽，就需要使用"内容识别缩放"功能在缩放时对画面中的主体进行保护。在图2-65中，使用选区工具为斑马建立选区后，右击选区，在弹出的快捷菜单中选择"存储选区"，将"存储选区"对话框中的"名称"设为"斑马"，单击"确定"按钮后选区即被保存。

图2-65

按Ctrl+D快捷键，取消选区。在Photoshop中，选择菜单栏中的"编辑"→"内容识别缩放"（或按Alt+Shift+Ctrl+C快捷键），在工具属性栏中设置"保护"为"斑马"，如图2-66所示，确保斑马不会在接下来的缩放操作中被影响。按住Shift键的同时向外拖曳左、右边框，在斑马不变形的情况下扩展背景。

图2-66

以上步骤主要演示使用"内容识别缩放"功能的完整过程。随着功能的更新，Photoshop将越来越智能。像上面讲到的斑马案例，因为画面中的主体较明显，所以可以尝试单击"保护"右侧

图2-67

的 按钮，如图2-67所示。Photoshop将自动识别画面中的主体并进行保护，从而省去创建和存储选区的步骤。

2.2.16 操控变形

"操控变形"功能常用于对画面中的动物、人物的肢体动作进行调整。在图2-68中，可以看出图中已完成了基本的合成操作，但两个元素的动作没有呼应，因此需要让画面中火烈鸟的头靠近小男孩，以增强画面中元素的互动关系。这时便需要用"操控变形"功能进行调整。

在Photoshop中，选中"火烈鸟"图层后，选择菜单栏中的"编辑"→"操控变形"，火烈鸟身上会出现许多三角形的网格，如图2-69所示。

为了保证变形动作自然，通过单击将"图钉"固定在火烈鸟身体的各个部位（在调节过程中各"图钉"在身体上的位置保持不变），然后拖曳头部的"图钉"来改变火烈鸟的姿势，以达到需要的效果。按住Alt键，可以对"图钉"进行旋转操作，调整火烈鸟头部的朝向，效果如图2-70所示。

图2-68   图2-69

　　在调节过程中如果三角形网格影响查看效果，可以按Ctrl+H快捷键将网格隐藏起来。按住Shift键，可以同时选择多个"图钉"以进行变形或移动。按Enter键并应用"操控变形"调整，最后再进行一些简单的光效调整，即可得到图2-71所示的效果。

图2-70   图2-71

小技巧　有时候需要在后期操作中反复、多次调节对象姿势，因此可以先将要调整的动物或人物转换为智能对象。在"图层"面板中选择对应的图层，右击并从弹出的快捷菜单中选择"转换为智能对象"，双击"智能滤镜"下方的"操控变形"，即可进行修改和调整，如图2-72所示。

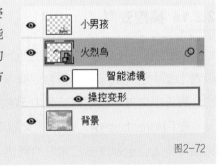

图2-72

2.2.17 透视变形

　　"透视变形"功能常用于在合成时调整元素的透视效果，以达到与场景透视关系平衡的目的。在图2-73中，如果要将黄色客车加入街景中，就会面临透视不同的问题。

在Photoshop中，选中"客车"图层，选择菜单栏中的"编辑"→"透视变形"，然后在客车的正面和侧面分别拖出两个四边形，并调整四边形角的位置，使四边形与客车两个面的透视相同，如图2-74所示。

图2-73

图2-74

按Enter键后，四边形上的"图钉"会变为黑色，这时分别对客车侧面和正面的"图钉"进行操作，如图2-75所示，便能很方便地对客车的透视进行调整，使之与街景的透视平衡，如图2-76所示。

图2-75

图2-76

2.2.18 滤镜

除了上述工具和功能外，Photoshop中还有很多强大的滤镜功能，有些是软件自带的，有些则需要下载、安装。适当运用滤镜可以减少一些复杂的后期操作，节约大量的操作时间，提高后期合成的工作效率。本节只对常用的一些滤镜做一个简单介绍。

1. 模糊滤镜

在Photoshop中，选择菜单栏中的"滤镜"→"模糊"或"滤镜"→"模糊画廊"，即可看到图2-77所示的模糊滤镜。后期合成中常用的"模糊"滤镜有"动感模糊""高斯模糊""径向模糊"等，常用的"模糊画廊"滤镜有"光圈模糊""路径模糊""旋转模糊"等。滤镜操作都比较直观，对相应滤镜的参数进行设置就能实现对应的效果。在后期合成中，滤镜有时需要配合选区来使用。

2. 液化滤镜

在Photoshop中，选择菜单栏中的"滤镜"→"液化"，就能找到液化滤镜，快捷键为Shift+Ctrl+X。液化滤镜可以自动对人物面部进行识别，因此常被用在人像的修饰中。在后期合成中，液化滤镜常用来改变物体的局部形状。图2-78所示效果便是使用液化滤镜的"向前变形工具"和"膨胀工具"等制作完成的。

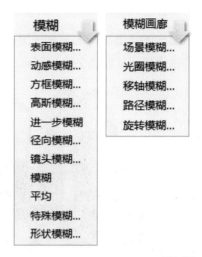

图2-77

3. 扭曲滤镜

在Photoshop中，选择菜单栏中的"滤镜"→"扭曲"便能找到相关的扭曲滤镜，如图2-79所示。扭曲滤镜在后期合成时常用来制作各种扭曲效果。

图2-78　　　图2-79

4. "消失点"滤镜

"消失点"滤镜同样可以在"滤镜"菜单中找到，快捷键为Alt+Ctrl+V。"消失点"滤镜是Photoshop中另外一款与透视有关的滤镜，在后期合成中使用该滤镜能快速解决物体表面贴图的透视问题，如图2-80所示。

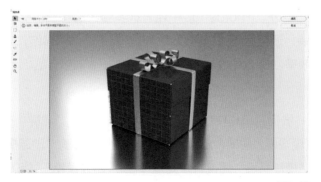

图2-80

5. Camera Raw滤镜

Camera Raw滤镜是Photoshop自带的RAW文件处理器，可以对RAW文件进行无损调节，是摄影师必须掌握的一款插件滤镜，后期合成时也会用来调整JPG格式的图

片，可以通过选择菜单栏中的"滤镜"→"Camera Raw滤镜"（快捷键为Shift+Ctrl+A）打开Camera Raw滤镜的界面，如图2-81所示。Camera Raw滤镜的界面提供了很多调整选项，在摄影后期合成中经常会使用这些功能来调整、校正图片素材或添加一些局部效果等。

图2-81

6. Nik Collection滤镜

Nik Collection是一款用于进行照片后期处理的插件集。这款插件集虽不是Photoshop自带的，但目前已经可以免费下载，安装后可以通过选择菜单栏中的"滤镜"→"Nik Collection"，打开Nik Collection滤镜。Nik Collection包含多个插件，其中的"Color Efex Pro"经常应用在后期合成的润色处理中，相应操作界面如图2-82所示。

图2-82

7. 其他滤镜

随着软件版本的更新与人工智能的应用，各种滤镜和功能正在使后期合成变得越来越简单。例如，Photoshop 2022的"滤镜"菜单中新增的Neural Filters，其中的"风景混合器"和"色彩转移"功能在后期合成中可用于快速完成合成效果的制作与溶图。除此之外，还可以安装一些非软件自带的特效滤镜，如在后面内容中会提到的Topaz Mask AI、Image 2 LUT、Oniric Glow Generator、Flaming Pear等滤镜，虽然这些滤镜各自实现的效果不同，但是它们同样能够简化后期操作或快速实现一些特殊效果，提高创作效率。

2.2.19 快捷键的运用

使用快捷键可以加快后期操作速度。图2-83所示的快捷键对应的功能或工具的使用都比较频繁，如果每次都通过菜单栏调用会比较麻烦，所以通常建议记住几组使用频率较高的快捷键。

虽然图2-83对一些常用快捷键进行了归类，但整体数量依然较多，记起来比较困难。一时记不住也没有关系，读者可以先学习后面的内容，等积累了一定的操作经验后，再来学习快捷键的使用。

要在 Photoshop 中查看和编辑键盘快捷键，可选择菜单栏中的"编辑"→"键盘快捷键"，或按Alt + Shift + Ctrl + K快捷键打开"键盘快捷键和菜单"对话框，进行查看和编辑操作。

图层操作结果	Windows系统下的快捷键	macOS下的快捷键
盖印图层 将所有图层盖印到一个新的图层中	Shift+Ctrl+Alt+E	Command+Alt+Shift+E
合并可见图层 将所有可见图层合并为一个图层	Shift+Ctrl+E	Command+Shift+E
复制图层 复制当前图层或选区到新图层	Ctrl+J	Command+J
上移图层至顶端 将当前选中图层移动到顶端	Shift+Ctrl+]	Command+Shift+]
下移至图层底端 将当前选中图层移动到底端	Shift+Ctrl+[	Command+Shift+[
上移图层 将当前选中图层上移	Ctrl+]	Command+]
下移图层 将当前选中图层下移	Ctrl+[	Command+[
删除图层 删除当前图层	Delete 或 Backspace	Delete

选择操作结果	Windows系统下的快捷键	macOS下的快捷键
取消选区 取消当前选区	Ctrl+D	Command+D
添加到选区 用选区工具将选区增加到选区中	Shift+鼠标左键拖曳	Shift+鼠标左键拖曳
从选区中减去 用选区工具将选区从选区中减去	Alt+鼠标左键拖曳	Alt+鼠标左键拖曳
反转选区 将当前选区反选	Shift+Ctrl+I	Command+Shift+I
选择所有图层 选择除"背景"图层外的所有图层	Alt+Ctrl+A	Command+Opt+A
将路径转换为选区 将钢笔路径转换为选区	Ctrl+ Enter	Command+ Enter
将图层载入选区 以当前图层内容创建选区	Ctrl+ 单击图层缩略图	Command+ 单击图层缩略图
羽化选区 调出"羽化选区"对话框	Shift + F6	Shift + F6

画笔/填充操作结果	Windows系统下的快捷键	macOS下的快捷键
调整画笔大小 增大/减小画笔	](增大画笔) [(减小画笔)	](增大画笔) [(减小画笔)
调整画笔硬度 增加/减小画笔硬度	}(增加画笔硬度) {(减小画笔硬度)	}(增加画笔硬度) {(减小画笔硬度)
绘画与抹除 在绘画与抹除操作之间切换	按住`(重音符)	按住`(重音符)
填充 调出"填充"对话框	Shift+F5	Shift+F5
设为默认前/背景色 设置为前黑后白的默认前/背景色	D	D
切换前/背景色 互换前/背景色	X	X
填充图层 将当前图层或选区填充为前/背景色	Alt+Delete(填充为前景色) Ctrl+Delete(填充为背景色)	Alt+BackSpace(填充为前景色) Cmd+BackSpace(填充为背景色)

图像调整操作结果	Windows系统下的快捷键	macOS下的快捷键
色阶 调出色阶调整界面	Ctrl+L	Command+L
曲线 调出曲线调整界面	Ctrl+M	Command+M
色彩平衡 调出色彩平衡调整界面	Ctrl+B	Command+B
色相/饱和度 调出色相/饱和度调整界面	Ctrl+U	Command+U
去色 去除当前图层中图像的颜色	Shift+Ctrl+U	Command+Shift+U
创建剪贴蒙版 将当前图层创建为剪贴蒙版	Alt+Ctrl+G	Command+Opt+G

视图操作结果	Windows系统下的快捷键	macOS下的快捷键
按屏幕大小缩放 调整当前图片为屏幕大小	Ctrl+0	Command+0
放大 放大当前图片	Ctrl+加号(+)	Command+加号(+)
缩小 缩小当前图片	Ctrl+减号(-)	Command+减号(-)
抓手工具 临时拖曳放大后的图片	按住空格键+鼠标左键拖曳	按住空格键+鼠标左键拖曳

编辑操作结果	Windows系统下的快捷键	macOS下的快捷键
撤销 可重复撤销多步	Ctrl+Z	Command+Z
恢复 可重复恢复多步	Shift + Ctrl + Z	Command + Shift + Z

图2-83

第 3 章
构图与色彩

本章导读

本章主要介绍进行后期合成应具备的构图与色彩知识。本章及其后两章介绍的知识与技能直接决定着摄影后期合成作品的基础质量。了解和掌握构图与色彩的相关知识，并将其合理运用在后期合成中，就能让自己的作品更加优秀。

本章要点：

· 构图的基础知识和基本方法；

· 色彩原理和常用调色思路。

3.1 构图的基础知识

构图在前期拍摄与后期合成中都起着非常重要的作用。一幅优秀的摄影后期合成作品离不开画面的精心布局与引导。本节将对构图的相关理论和方法做一个较全面的介绍，帮助读者理解与掌握这些构图理论与知识，以便灵活运用到实际操作中。

3.1.1 什么是构图

关于构图，《芥舟学画编》里有这样一段话："凡作一图，若不先立主见，漫为填补，东添西凑，使一局物色，各不相顾，最是大病。先要将疏密虚实，大意早定。洒然落墨，彼此相生而相依，浓淡相间而相成。拆开则逐物有致，合拢则通体联络。自顶及踵，其烟岚云树，村落平原，曲折可通，总有一气贯注之势。密不嫌迫塞，疏不嫌空松，增之不得，减之不能，如天成，如铸就，方合古人布局之法。"这段话虽是描写的国画的布局方法，但其构图的方法、顺序和效果在前期拍摄及后期合成构图中同样适用。

为了更好地理解构图，下面将"构图"拆分为"构"与"图"来分别说明。

构，即构成，指的是以一个什么样的角度，如何布局、搭配，以及怎么简化、提取元素来组成最终的平面图像。无论是前期拍摄还是后期合成，其实都在二维的平面中展示三维的真实世界。要通过一个有边框的二维平面将信息量巨大的三维空间呈现出来显然不是一件容易的事情，所以如何"构成"是摄影师在前期拍摄与后期合成中需要不断思考的问题。

图，即意图，摄影师运用由平面化元素构成的图像来表现希望呈现的东西，即"意图"。因此对于同一个场景，每个摄影师拍摄的照片可能完全不同，就算是同一个摄影师，当他想表达和传递的东西不同时，拍摄的照片也会不同。创意后期合成的最终目的是使作品内容更加贴近摄影师的意图。

说得再具体一点，所谓构图，就是对画面中的形状、线条、色彩等视觉要素进行合理安排与搭配，使之成为一个和谐的整体，使画面中的元素起到相辅相成、互相强化的作用。其目的是吸引、引导并抓住观者注意力，继而向观者传达摄影师的思想和意图。如果画面构图不恰当，就不会引人注意，而摄影师的意图自然就不会得到表现。

构图在前期拍摄和后期合成中都起着非常关键的作用，所以一定要注重前期拍摄与后期合成之间的配合，如果在正式拍摄前就构思好后期合成的步骤和大致方向，在正式拍摄时就能为后期合成做好铺垫和打好基础，从而达到事半功倍的效果。

3.1.2 构图中的主题、主体与陪体

我们常在构图中提到"主题"和"主体"，两者虽然读音相似但分别表示不同的意思。构图中的"主题"就是最终作品呈现的中心思想或意图，而"主体"则是为表达主题而安排在画面中的最重要的元素。

通常每幅作品都只表达一个主要的思想内容及主题，图片毕竟是静态的平面图像，如果同一幅作品中主题过多，就会显得杂乱无章。而主体则可以是由多个元素组成的一个整体，如图3-1所示，虽然草地上有几只羊，但依然可以把它们看成一个主体，表现的主题则是羊在广阔草地上悠闲地吃草的美丽景象。

对于城市风光作品中的高楼，也是同样的道理，虽然楼宇众多，但可以把它们看成一个主体，主题则是表达城市的繁华，如图3-2所示。

图3-1　　　　　　　　　　　　　　　　　　　　　　　　　　　　　图3-2

主体通常是画面中最重要的元素，其他景物和搭配的元素通常称为陪体，它们之间是从属关系。如果一幅作品中没有明显的主体，作品就可能会让人难以理解，所以在后期合成过程中，首先要充分考虑构图是否合理，主体的表达是否够准确和充分。后期合成的优势和难点都在于可以不受现场实际情况的局限，充分发挥自己的想象力，创造性地安排主体与陪体来准确表达作品主题。也正是这个原因，构图有一定的难度，要确保所有放进画面的元素都有章可循，而不是胡乱添加的。

后期合成是一个动态过程，在此过程中必须时刻注意构图的合理性。**在后期合成中加入星空、月亮、云朵、飞鸟等烘托氛围的陪体元素时，要尽可能地配合、突出主体**，以更好地呈现主题，让观者能够看出重点所在，达到阐明主题的目的。特别注意，当主体只是一个简单的形状、一条线、一个局部，甚至是一个无形之物时，它便不会像一个人物、一座建筑或一件物品这类具象的东西那样具有分量。例如，汽车留下的光轨、树林里的光、吹起窗帘的风等，在这些主体不太明显的作品中加入陪体时就需要更加谨慎，避免改变画面主体。在图3-3和图3-4中，本来作品的主体是森林里的阳光，但因后期合成时缺乏考虑，加入了一只鹿，这样虽然画面整体更加唯美了，但是使观者视线发生了改变，鹿变成了主体，画面的主题也随之发生了改变。

图3-4的左图为川内伦子的画册中的一幅作品，根据画册中的排版和作品顺序可以知道，作者想体现的是风或者风的声音，但如果我们不假思索，在后期合成时加入飞翔的鸽子，主体则由风变成鸽子，画面主题也随之改变。

图3-3

图3-4

3.1.3 打破局限性构图

对三分线构图、对称构图、三角形构图、曲线构图、水平线构图、垂直线构图等构图形式相信大家并不陌生，一些网络教程和摄影图书常提到这些构图形式。但这些构图形式其实只是后来的人们从大量的绘画和摄影作品中总结出来的，而如果我们一味地遵循这些形式，将它们视为"法则"照搬或套用，便会将自己限制在这些构图形式的套路中，无法创新和进步。当然，这并不意味着不能学习这些构图形式，在学习摄影的初期，直接套用这些形式能够比较快速地掌握一些技巧，短时间内会使你的作品看起来更专业，但一旦掌握之后，一定要跳出这些规则的束缚。在学习时，我们要更多地关注这些构图形式的原理和目的，否则很快便会遇到瓶颈。

这就好比叫一个路人来模仿专业演员，他只要认真地模仿专业演员的台词、语气、动作便能迅速让自己看起来专业一些，但如果他不了解其中的深意，当遇到不同的剧情、台词时，就会被"打回原形"。因此，本书不会给出固定的构图框架，而会从构图的原理和目的出发，在说明构图方法的同时，尽量避免介绍局限性构图。

1. 画面平衡

画面平衡是在构图时首先需要关注的一个点，如果画面失衡，会使画面看起来不舒服、不稳定，甚至是错误的。当然，如果需要运用这种失衡感来表现主题，也可以故意营造不平衡、不稳定的感觉，这在后面会详细讲解。

1）物理平衡与视觉平衡

要弄清楚画面平衡，就必须分清楚物理平衡与视觉平衡两个概念。观察并感受图3-5所示的图片，虽然画面中两个物体的物理质量相同，但是较大的物体的视觉质量更大。因为在图片中体积更大的物体的视觉质量通常更大，通俗地说就是"看起来更重"。我们在处理画面时，应该关注的是视觉质量，一定要避免生活经验的影响，错将物理质量作为参考。

物体的形状不同，视觉质量也不同，如

图3-5

图3-6所示。和规则形状的物体相比较，往往不规则形状的物体的视觉质量较小，规则形状的物体的视觉质量较大，这是因为受到生活常识的影响，如云朵、蒸汽、棉花等不规则形状的物体总会给人轻飘飘的感觉。

图3-6

物体的色彩同样影响着我们对视觉质量的判断。在图3-7中，虽然红色与蓝色色块大小相同，但是二者给人的视觉质量不同，红色色块的视觉质量要比蓝色的大，因此它们无法在视觉上保持平衡。如果要在后期合成中进行处理，可以通过缩小红色色块的大小来使画面更加平衡。

另外，色彩明度低的物体的视觉质量要比明度高的大，例如，黑色物体的视觉质量比白色物体的大。在图3-8中，明显能够感觉到右边的圆形更重。

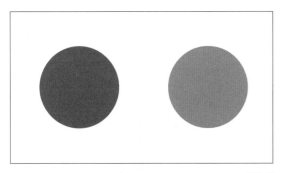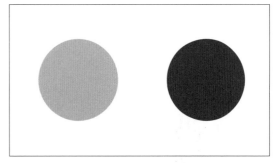

图3-7 图3-8

而在图3-9中，这种视觉平衡感更加隐晦，先用手挡住右边的图片，观察左边的图片，因为画面中人物的重心偏向一侧，所以即使人物在画面正中，也会给人画面不平衡的感觉。现在挡住左图，观察右图，虽然拍摄时倾斜了画面，但是使人感觉画面平衡了。

图3-9

2）如何通过构图使画面平衡

在图3-10中，当主体在画面中央时，显然，画面是符合视觉平衡要求的，这是确保画面平衡的简单方法。

但如果对于所有作品都将主体放在画面正中，那么将缺乏新意。因此可以尝试将主体放在画面三分线的交叉点上，对画面比例和视觉质量做一个平衡，如图3-11所示。

图3-10

图3-11

随着主体的变大，其视觉质量也会发生改变，如图3-12所示，当前的画面比例无法使画面平衡。

这时可以将主体往画面中间移动，增强画面的平衡感，如图3-13所示。

图3-12

图3-13

当然，也可以通过在画面的另一边加入其他元素等方式来使画面平衡，如图3-14所示。

其实在上面笔者只根据自身的经验和对视觉质量的感受做了一个总结。这些内容可以在后期创意合成过程中作为参考，但没有必要过分追求视觉上的完美平衡。艺术类的学科更需要遵从直觉感受，这样才能在遇到各种实际情况时随机应变。

图3-14

2. 视线引导

当画面中的主体并非单一物体时，为了使主体更加突出，在前期拍摄与后期合成处理时可以采用一些视线引导构图。恰当地运用这些视线，能够引导观者观看作品，并将观者的视线快速集中在想要呈现的主体上。值得注意的是，受到当今网络看图形式的影响，画面中的视线引导变得更加重要，如果观者在翻看图片时没有快速找到图片的重点，下一秒便可能已经划到下一张图片了。这虽然不是必须遵循的标准，但我们应该有这个意识，当某一张照片需要在一堆照片中引人注意时，清晰的视线引导和主体是必不可少的。

按照引导强度，可以将视线引导分为"强引导"与"弱引导"两类。当画面中出现箭头、手指、目光、框架、线条等指向性非常明确的元素时，观者视线将被引导至画面中的主体，这种引导称为"强引导"。画面中的透视关系、色彩、物体的移动方向同样具有引导作用，这种引导相对较弱，所以称为"弱引导"，但观者的视线最终仍会被引向主体。无论是强引导还是弱引导，在摄影前期与后期合成中，都可以有意识地运用这些引导方式。如图3-15所示，在前期拍摄引导不足的情况下，后期合成时通过改变主体的色彩和增加光线引导，使主体立即从画面中凸显出来。

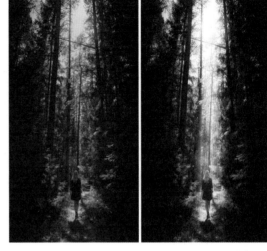

图3-15

下面将列举一些常见的引导方式，以便读者在实践过程中参考。

1）指向引导

指向引导通常属于强引导，画面中的箭头、目光、框架、线条等有明确的引导作用，能直接引导观者注视的方向，如图3-16所示。

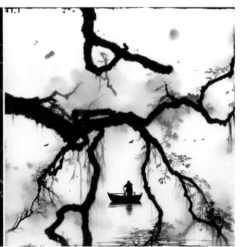

图3-16

2）透视引导

透视引导主要运用画面的透视关系来完成视线引导。图3-17所示为史蒂夫·麦柯里的摄影作品，画面中因近大远小的透视关系产生了汇聚线条，这些线条引导观者最终看向画面中心，并且当观者的视线移动到画面中心附近的主体时会稍作停留。该停留点可以称为视觉锚点。

图3-17

3）对比引导

对比引导的形式较多，常见的形式有形状对比、色彩对比、大小对比、明暗对比、方向对比、情绪对比、质感对比等。为了更加直观，下方示例中将元素简化为基础的几何图形。

形状对比引导主要通过形状区分主体，如图3-18所示，画面中主体与陪体是不同的形状，所以主体很容易辨别。

大小对比引导是指画面中的主体与陪体因大小不同而产生对比。在后期创作过程中，可以有意地对主体与陪体的大小进行调整，以突出主体，如图3-19所示。

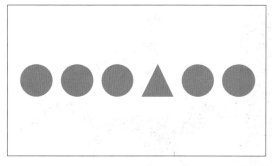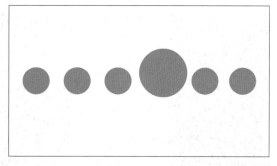

图3-18   图3-19

明暗对比引导主要通过陪体与主体间的明暗区别来突出主体，如图3-20所示，画面中的所有陪体较暗，而主体较亮，从而将主体凸显了出来。

色彩对比引导主要运用色彩的差别将画面的主体从背景中脱离出来，使观者很容易找到主体，如图3-21所示。

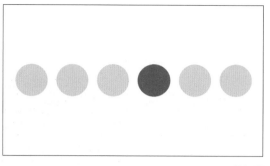

图3-20

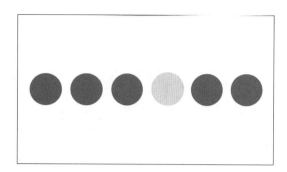

图3-21

方向对比引导通过主体与陪体的方向不同将主体从画面中凸显出来，如图3-22所示。例如，人群中唯一逆行的人或者转过头的那个人很快便会被观者发现。

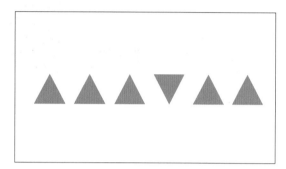

图3-22

质感对比引导通过主体与陪体不同的质感来引导观者视线，当一个粗糙的环境中出现光滑或柔软的主体时，便能迅速将观者视线引导过去，如图3-23所示。

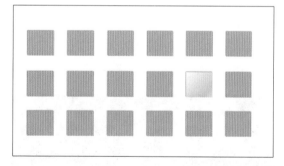

图3-23

4）路径引导

路径引导中的路径可以是明显的路径，也可以是画面中一些规律的元素组成的隐藏路径。

在图3-24中，画面中的路和长曝光下的车尾灯光形成了很明显的路径，这些路径的终点正是画面的主体所在。

图3-24

43

而在图3-25中，天空中的云朵乱中有序，虽然彼此之间没有连接，但这些秩序形成了无形的路径，将观者视线引向了画面中的主体。

图3-25

5）规律引导

当图中元素的排列存在一定的节奏或规律时，这种节奏或规律也可以引导视线，关键就在于节奏或规律被打破。当主体的出现打破了节奏或规律时，主体也就自然而然地体现出来了。如图3-26所示，这幅作品通过整齐的图案突出了画面中的人物。

引导需要合理地运用。有些画面中会同时存在多种引导视线的方式，但在后期合成过程中一定要注意各引导元素之间的关联性与整体的美感，不要盲目地强加引导，避免处理不当而造成画面的整体性减弱。在图3-27中，虽然通过色彩和模糊处理的方式使主体人物更加突出，但是这种处理方式并不合理，反而导致画面的整体性减弱，人物就像贴在背景中一样。

图3-26   图3-27

3. 情绪传递

在表现一些特定的主题或者想传递一些特殊感觉和感受时，也可以使用构图。例如，压迫感、不稳定感等情绪可以通过调整画面比例和使画面倾斜表现。如图3-28所示，这两张照片通过构图向观者传递了一种强烈的压迫感。

图3-28

而图3-29中的两张图分别源自《127小时》和《贫民窟的百万富翁》电影。在电影的拍摄时故意采用倾斜构图，拍摄出这种倾斜、失衡的画面，向观者传递了不稳定、不安和焦虑的感受。这在电影拍摄手法中称为"荷兰角"镜头（德国表现主义镜头）。

图3-29

4. 后期合成构图中的"减法"与"加法"

在后期调整与合成时经常会遇到以下问题。

- 后期合成时，画面中的元素什么时候应该减？什么时候应该加？

- 应该减去什么？加入什么？

- 画面中哪些部分应该强化？哪些部分应该削弱？

笔者在进行后期合成工作的早期也经常因此而感到困惑，后来发现解决这些问题的关键就在于一个有效的判断依据。下面通过简单的图例来简要总结一下后期合成过程中的判断依据，希望能给读者一些启发。

通常我们会在摄影作品中通过做"减法"在复杂的画面中营造秩序感，这种秩序感能避免画面杂乱，使作品更具可读性。在图3-30中，可以试着用手挡住右侧的图，然后从左到右依次观看图片。可以发现，画面中的圆越少，越容易发现其规律和秩序。

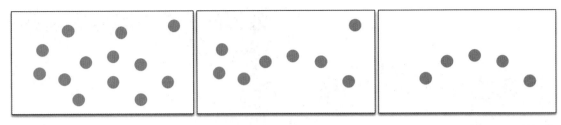

图3-30

继续减少画面中的圆圈。在图3-31中,当画面中的圆减少到4个时,感觉它们分成两组;当减少到只有两个圆的时候,圆圈无论怎么摆放都自成秩序。之所以说"摄影是减法的艺术",就是因为画面中的东西越少,越能找出秩序。

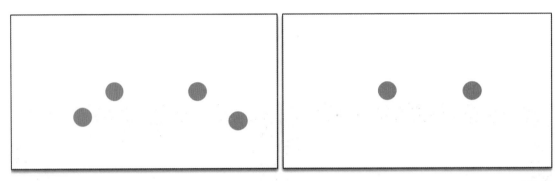

图3-31

按照这个原理,当我们遇到图3-32中左图所示的复杂情况时,尝试像后两张图那样,将干扰画面的其他圆减去或弱化,便能体现出秩序感。

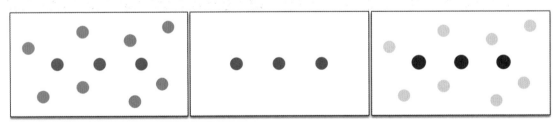

图3-32

在后期合成中,画面中的元素是可以移动的,所以当不允许减少画面中的元素时,就可以考虑移动它们,使它们产生一定的规律。图3-33中虽然存在很多圆,但是只要它们构成一定的规律(例如直线、三角形、波浪线等),就会有秩序感,一旦它们遵循一定的秩序或规律,观者就不会觉得画面混乱。当然,这只是基本的排列方法,在实际创作过程中可以有更多变化。

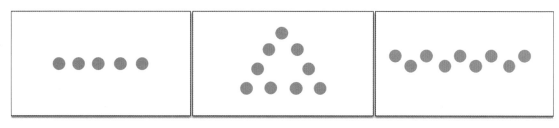

图3-33

如果不能通过后期处理使图片中的元素呈现出一定的规律，也不能通过做减法弱化或减少干扰，那么不妨尝试做"加法"，即在画面中加入一些元素来衬托主体，辅助主题的表达。

在图3-34中，假设第一张图中的3个深蓝色的圆是画面的主体，但画面太混乱，根本无法分辨；后面两张图中分别增加了两条线、几个辅助小圆，3个深蓝色的圆立马就分离出来了。整个过程中虽然增加了画面中的元素，但是这并没有影响原本隐藏在画面中的主体，反而凸显了它们。

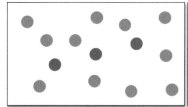  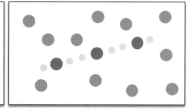

图3-34

综上，在后期合成中，应该用"加法"还是"减法"，加入什么、减去什么、强化什么、弱化什么，都要看对图片最终想表达的内容是否有用。通常建议初学者从极简的作品开始学习，因为元素较少，不容易出现混乱的问题，很容易达到想要的效果。掌握相应的原理和知识后再开始尝试做加法。往作品里加入元素的时候，要思考为什么加入这个元素，目的是什么，画面构图有没有问题，而不是毫无章法地加入一些好看但没有用的东西。

5. 画幅比例及应用

常见的画幅比例包括1∶1、3∶2、16∶9，如图3-35所示。

图3-35

画幅比例主要根据应用范围和展现形式来确定，通常使用接近3：2的画幅比例，该画幅比例比较符合大多数人的观看习惯，因此应用也最广泛。而1：1的画幅比例可用于在朋友圈等图片分享平台上展示图片，能在预览状态下呈现出最佳效果，更能引起关注，如图3-36所示。

16：9的画幅比例适合表现宽幅的宏大场景，该画幅比例和电影画幅的比较接近，所以也可以用在一些叙事的照片中。而其他特殊的画幅比例更多应用在广告中，可根据展示区域的实际尺寸和比例来调整画幅比例，在摄影作品中也可根据摄影师想呈现的主题进行比例调整。

图3-36

3.2 掌控色彩

色彩在彩色摄影作品中有着举足轻重的作用，特别是在摄影合成作品中，可以通过后期技术将色彩按照自己的意图改变、增加和搭配，因此色彩的运用对摄影创意合成来说非常重要。一幅作品好看与否往往与配色是否恰当有着密切的关系。只有理解色彩的属性，掌握色彩原理，才能在后期创作中灵活地运用色彩来呈现作品，向观者准确地传达信息。

3.2.1 色彩原理

要搞清楚色彩原理，首先要分清色彩的两种模式，即"加色模式"和"减色模式"。

加色模式的3种原色是R（红色）、G（绿色）、B（蓝色），这3种颜色是不能通过混合其他颜色得到的"基本色"。加色模式对应的是物体自身发射的光线，例如灯泡、电视机屏幕、手机屏幕等发射的光线。如果把手机屏幕上的图片局部放大并仔细观察，便会发现它们其实是由许多个红色、绿色、蓝色的光点组成的，这些小小的光点混合后就显示出了各种颜色，如图3-37所示。

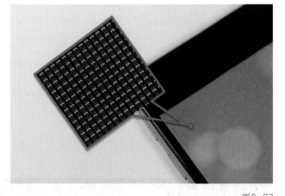

图3-37

与加色模式不同，减色模式的3种原色分别为C（青色）、M（品红色）、Y（黄色）。减色模式对应的是物体（例如涂料、杂志等）反射的光线，这些物体自身不会发光，而是在光照过来时，会吸收一部分光线并反射剩下的光线，从而显示出不同的颜色。

加色模式和减色模式存在着一定的联系，这可以在Photoshop中进行模拟演示。在黑色背景中，分别建立红色、绿色、蓝色3种颜色的形状，使用加色模式对应的"滤色"混合模式将它们两两混合，可以得到黄色、青色、品红色3种颜色，而混合这3种颜色便得到白色，如

图3-38所示。

在白色背景中，分别建立青色、品红色、黄色3种颜色的形状，使用减色模式对应的"正片叠底"混合模式将它们两两混合，可以得到蓝色、红色、绿色3种颜色，而混合这3种颜色便得到黑色，如图3-39所示。但印刷品中的黑色实际上并不是通过青色、品红色、黄色混合出来的，因为这样成本太高，增加黑色颜料可以大大地节约成本，图书中的黑色文字就是直接用黑色颜料印刷的，CMYK颜色模式中的K指的就是这个黑色。

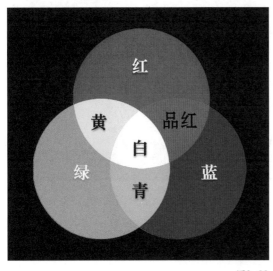

图3-38

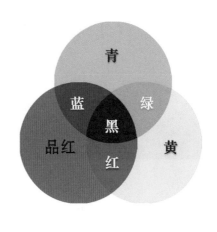

图3-39

通过演示发现，红色、绿色、蓝色中藏着黄色、青色、品红色，青色、品红色、黄色中也藏着蓝色、红色、绿色，因此它们有着紧密的联系，如图3-40所示。

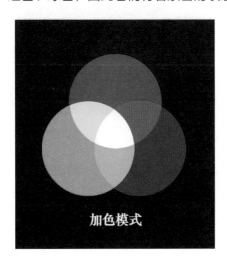

加色模式

减色模式

图3-40

通过联系两种模式便可以得出支持色（相邻色）和互补色两个概念。以红色为例，它有两个相邻的支持色——黄色和品红色，一个对立的互补色——青色，如图3-41所示。

同理，以蓝色为例，它有两个相邻的支持色——青色和品红色，一个对立的互补色——黄色，如图3-42所示。

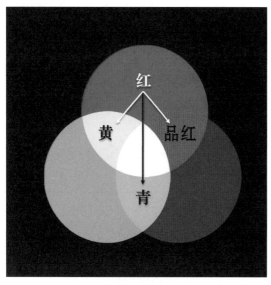

图3-41

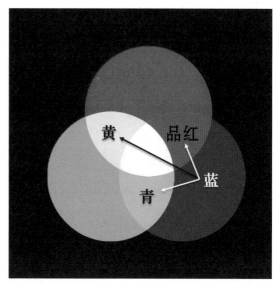

图3-42

互补色总是成对出现的，例如，红色和青色互为补色关系，绿色和品红色互为补色关系，如果互补色混合，便会相互抵消各自的纯度，呈现出灰色。分别将红色和青色、绿色和品红色两组互补色放在一起，然后调整每组中上方颜色的图层不透明度为50%，使其两两混合，混合部分均出现了灰色，如图3-43所示。

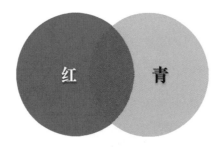

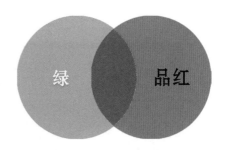

图3-43

所以有时候照片发灰、色彩不纯，极有可能是该色彩里混入了补色的原因。

1. 支持色和互补色的运用

通过上面的内容可知，要在图片中增加一种颜色，有两种方法，一是增加其支持色，二是减少其互补色。

例如，照片中的蓝天灰蒙蒙的，不够蓝，很有可能是蓝色中混入了其补色（黄色）的原因。因此，在Photoshop中，在"可选颜色"的"属性"面板中，选择蓝色进行调节，减少蓝色中的黄色，便可以让蓝色更纯，同时可以尝试增加蓝色的支持色——品红色（图3-44中的"洋红"）和青色，让蓝天更蓝，如图3-44所示。

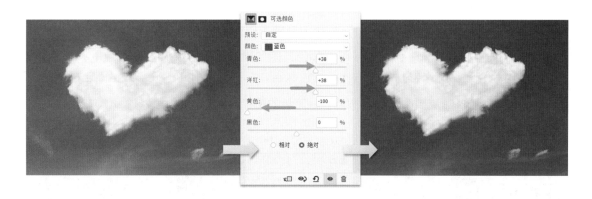

图3-44

对于后期合成来说，增加原有颜色并不一定能满足需求，常常还需要改变颜色。要改变一种颜色，可以通过减去该颜色的一种支持色的方式来实现。绿色的支持色是黄色和青色，也可以说黄色和青色组成绿色，如图3-45所示。

所以，在"可选颜色"的"属性"面板中，将绿色中的青色减去，绿色就会变成黄色，如图3-46所示。

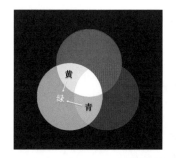

图3-45

图3-46

下面介绍一个颜色调整案例。

首先，为了将绿意盎然的森林调成秋意浓浓的森林，需要将照片中的绿色改为黄色。按照上面介绍的支持色的关系，在"可选颜色"的"属性"面板中，先选择绿色，然后将绿色中的青色减去，使原本绿色的树林带上黄色，如图3-47所示。

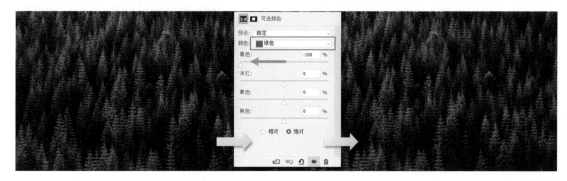

图3-47

黄色现在看起来还不够理想。然后，在"可选颜色"的"属性"面板中，对黄色进行调节。黄色的支持色为红色和绿色，因为整体上需要将绿色变为黄色，所以这次只增加黄色的支持色——红色。但调节时会发现"可选颜色"的"属性"面板中并没有红色的调节滑块，此时需要运用互补色的关系，即减少红色的互补色——青色，以达到增加红色的目的，最后将黄色增加到100%，减少黄色的互补色——蓝色的干扰，调整完成，如图3-48所示。

图3-48

在"曲线"的"属性"面板中，颜色也是成对出现的，"红""绿""蓝"3个通道也包含青色、品红色、黄色，如图3-49所示。

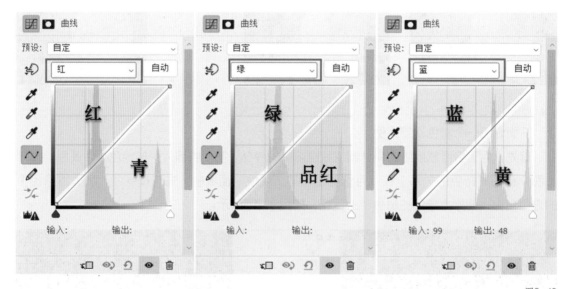

图3-49

实际应用如图3-50所示，在"红"通道中，将曲线的暗部向下拉，将亮部向上拉，便在图片中较暗的蓝天区域增加了青色，在较亮的白云区域增加了红色。

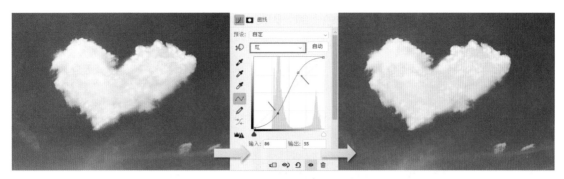

图3-50

支持色和互补色是在Photoshop中对"可选颜色""色彩平衡""曲线"等调色图层进行操作的基础。为了方便记忆，将色彩关系简化为图3-51，图中左边为R、G、B，右边为C、M、Y，用带箭头的横线将它们分别连接起来。

图3-51

与图3-40对比，在图3-51中，一种颜色的互补色就是横线对面的颜色，例如，红色（R）的互补色就是青色（C），绿色（G）的互补色就是品红色（M），蓝色（B）的互补色就是黄色（Y）。一种颜色的支持色就是该颜色对面但不在同一排的两种颜色，例如，红色（R）的支持色就是品红色（M）和黄色（Y），绿色（G）的支持色就是青色（C）和黄色（Y），蓝色（B）的支持色就是青色（C）和品红色（M）。记住图3-51可以在调色时快速找出某个原色的支持色和互补色。

2. 色相、饱和度和明度

顾名思义，可以将色相（hue）简单理解为颜色的相貌，色相是颜色的基本属性，也就是人们常说的颜色名称，如红色、黄色、蓝色等，如图3-52所示。

图3-52

可以在一个圆环上表示所有的色相。还记得前面讲的红色、绿色、蓝色三原色吗？将它们两两混合就形成了二次色——青色、品红色、黄色；把原色与二次色再次混合，便能得到更多的颜色，如黄绿色、橙色、青蓝色等，将这些颜色平滑过渡，便有了科学色环，如图3-53所示。

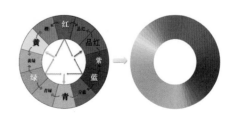

图3-53

由于科学色环是建立在RGB三原色上的，因此也叫RGB色环。在Photoshop中，很多调色工具与RGB色环相关，如图3-54所示。

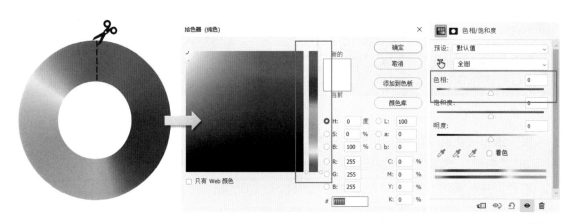

图3-54

饱和度（saturation，见图3-55）就是颜色的纯度。饱和度越高，纯度越高，颜色越鲜艳；饱和度越低，纯度越低，颜色越暗淡。

明度（lightness，见图3-56）与颜色的深浅有关。明度越高就越白，颜色给人的感觉就越亮；明度越低就越黑，颜色给人的感觉就越暗。

图3-55　　　　　　图3-56

色相、饱和度、明度3种颜色属性的英文缩写为HSL，HSL是Photoshop中"色相/饱和度"调整工具的操作基础。例如，要将图片中的红色改为蓝色，也就是改变色相，只需要在"色相/饱和度"的"属性"面板中选择"红色"，然后向左拖曳"色相"滑块即可，如图3-57所示。

图3-57

如果希望颜色再淡一些，就向左拖曳"饱和度"滑块，如图3-58所示。

图3-58

如果需要颜色暗一点，就往左拖曳"明度"滑块，如图3-59所示。

图3-59

3.2.2 色彩搭配

在了解了色彩原理之后，便可以在摄影后期合成中随意地调整和改变色彩，但如果没有掌握色彩搭配的方法，只是随意地更改色彩，便不会形成合理、清晰的后期调色思路，这样就会造成调色就像碰运气。所以系统地掌握色彩搭配的知识和技巧在摄影后期合成中非常有必要。

1. 色彩给人的感觉

不同的色彩能带给人们不同的感受和情绪变化，在看到一幅作品时，人们直接获得的就是色彩信息。受到文化的影响，不同年龄和地域的人对色彩的感觉有一定的差别，但多数情况下人类对色彩的感觉是相同的，因此可以尝试将这些色彩给人的感觉总结出来，作为在后期合成或调色过程中的参考。恰当运用这些色彩，可以更加准确地表达情绪和营造氛围。

黑色给人庄严、低沉、压抑、稳重和坚定的感觉，例如图3-60所示的德西蕾·多伦的这组以黑色为主色调的暗调摄影作品。同时，黑色是最暗的色相，所以黑色可以用来衬托其他明亮的颜色。

图3-60

白色给人干净、纯洁、洁净、纯真的感觉，如图3-61所示。白色可以与任何颜色搭配，也可以与任何颜色混合，因此白色是流行的主要色。

图3-61

介于黑色与白色之间的灰色给人沉着、谦虚、沉默、柔和、高雅的感觉，如图3-62所示。当使用灰色时，可以利用不同的层次变化搭配或混合其他颜色，如高级灰、莫兰迪色调都有灰色，但又带彩色，这样在显得高雅的同时不会过于沉闷和呆板。

图3-62

红色给人热情、醒目、刺激的感觉，具有强烈的视觉冲击效果。受到我国传统文化的影响，红色还给人喜庆、拼搏、奋斗、积极进取的感觉，如图3-63所示。红色的辨识度非常高，因此也常用于表示警告、危险、禁止、停止等。

图3-63

黄色给人光明、充满活力、明朗和乐观的感觉，如图3-64所示。黄色也能给人明亮、耀眼和醒目的感官刺激，因此也常用于表示警示、提醒等。

图3-64

橙色给人辉煌、朝气、活泼和温暖的感觉，同样是非常显眼的颜色，所以常作为搭配色使用。橙色常见于日出、日落风光摄影作品中，能给风光摄影作品增添氛围感，让作品更容易引起注意，如图3-65所示。

图3-65

明度不同的蓝色给人不同的感觉，如忧郁、安静、清新、深远、科技感等。明度高的蓝色让人想到晴天，有清新的感觉，在小清新色调的照片中经常能看到；明度低的蓝色给人忧郁、悲伤、安静、孤独的感觉，因此一些偏情绪的照片中会出现大量低明度的蓝色，如图3-66所示。

图3-66

此外，还有给人神秘、浪漫、高贵的感觉的紫色，给人自然、环保、希望、安宁、青春、生长的感觉的绿色等，如图3-67所示。

按照给人的冷暖感受，色彩还可以分为冷色和暖色。青色、蓝色让人感觉偏冷，有安静、宁静和清凉的氛围，属于冷色；红色、橙色、黄色让人感觉偏暖，有温馨、热情和温暖的氛围，属于暖色，如图3-68所示。后期合成中常将冷色、暖色搭配使用。

图3-67　　　　　　　　　　　　　　　　　　　图3-68

除冷暖之外，色彩还可以让人联系到味觉和嗅觉，以及轻重感、远近感和软硬感。色彩的轻重感源于联想，例如，看到白色会联想到云朵、棉花等，所以白色给人轻飘飘的感觉，黑色容易让人联想到乌云、石头等，所以给人沉甸甸的感觉。总之，冷色和明度高的色彩普遍让人感觉较轻，暖色和明度低的色彩普遍让人感觉较重。明度较高和纯度较高的色彩有软感，明度较低和纯度较低的色彩有硬感。

以上只对一些常见的色彩做了大致介绍。读者对色彩有一个基础认识并了解这些色彩给人的感受能为后期处理提供思路、方向和参考，这样在实际操作过程中，可以避免出现明显的配色问题。

2.色环应用与色彩搭配

在色彩搭配上，可以借鉴美术和设计领域常用的搭配方式。要弄懂这种色彩搭配，就需要弄懂另外一个色环——艺术色环。艺术色环是基于红（R）、黄（Y）、蓝（B）3种原色建立的，所以又叫RYB色环。

如图3-69所示，RYB色环与前面讲的科学色环（RGB色环）有一定的区别，注意不要混淆。在RGB色环中，蓝色的互补色是黄色，红色的互补色是青色；而在RYB色环中，蓝色的互补色是橙色，红色的互补色是绿色。理解了它们各自的用途也就不会混淆了。

简单来说，RGB色环就是在Photoshop中调色用的色环，调色的依据是RGB色环中的支持色和互补色。而RYB色环就是建议在色彩搭配时参考的色环，配色的依据是RYB色环中的相似色、互补色等。也就是说，RGB色环用于调色，RYB色环用于参考。

常见的色彩搭配有单色配色、相似色配色、互补色配色、对比色配色、分割补色配色等。

单色配色是最简单的配色方式，画面中只有一种颜色，主要通过明度和饱和度的变化将画面呈现出来，如图3-70所示。

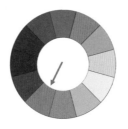
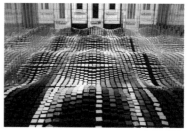

图3-69　　　　　　　　　　　　　　　　　　　　　　　　图3-70

相似色配色也叫类比色配色，是指对色轮上相邻的颜色（例如红色和橙色、蓝色和紫色等）进行搭配。由于颜色相近，不会产生冲突，因此相似色是一种相对保守的配色方法，比较适用于平和的画面氛围。虽然一种颜色只有几种相似的颜色，但是通过明度和饱和度的变化，可以呈现很多种效果，如图3-71所示。

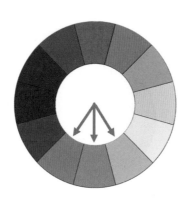

图3-71

互补色配色是指色轮上180°方向上（相对）的颜色（例如，蓝色和橙色、红色和绿色等）的搭配。互补色的对比效果最好，经常用来突出主体，或者增强作品整体的视觉冲击力。

但也正是因为互补色的对比关系，在运用互补色的时候通常还需要调整色彩的饱和度和明度。例如，橙色、蓝色的搭配，虽然它们是互补色，但如果两种颜色的纯度过高，便会显得格外刺眼，如图3-72所示。

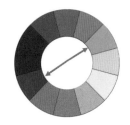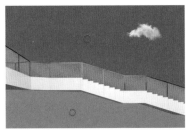

图3-72

对比色配色是指在配色过程中不一定完全按照标准的180°方向去配色，而将色环中两个相隔较远的颜色进行搭配，这同样会有非常不错的效果。对比色就是色轮上相隔130°~180°的两种颜色，例如，深蓝色和橙色，如图3-73所示。

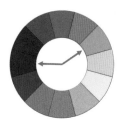

图3-73

分割补色配色将介于相似色和互补色之间的几种颜色进行搭配，像相似色的效果，但又比相似色的对比强烈；像互补色的效果，但又比互补色的对比弱。分割补色既有互补色的碰撞感和视觉冲击力，又有相似色的柔和感，不会太强烈。当运用分割补色时，可以在色环上先找出一组互补色，再选择与其中一种颜色相邻的两种颜色，如图3-74所示。

三元群配色是指在色环中找出对比最强的3种颜色，在色轮上画一个等边三角形，旋转该三角形，用3个角指向的颜色进行搭配。例如，红色、黄色和蓝色组合出来的效果也特别抢眼。但值得注意的是，色彩越多，就需要进行越多的调整和控制。除了对色彩的饱和度和明度进行调整外，还需要区分主色和辅色，如图3-75所示。

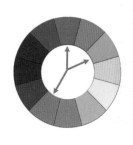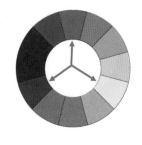

图3-74

图3-75

正方形配色是指在色轮上画一个正方形，旋转该正方形，4个角指向的颜色就是色轮上差别最大的4种颜色，用这4种颜色进行搭配。正方形的对角线对应两组互补色，所以也属于双补色配色。四色及以上的配色通常运用较少，因为画面中色彩越多就越难掌控，所以在采用正方形配色时通常会进行调整，确定一两种颜色为主色，而其他的颜色为辅色，如图3-76所示。

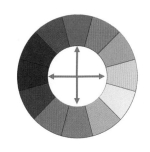

图3-76

小技巧 在进行色彩搭配时也可以参考一些专业的配色网站。例如，Adobe公司的 Adobe Color 网站就可以根据设置提供多个色彩搭配方案（在左下角可将网页语言切换为中文），如图3-77所示。

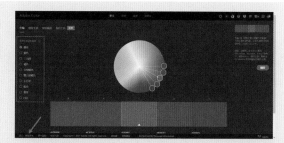

图3-77

在该网站中将自己的作品上传，它会自动对色彩搭配进行分析，通过分析和调整色轮中颜色的位置，最终达到理想的色彩搭配效果；再返回Photoshop根据分析结果进行调整和优化，如图3-78所示。

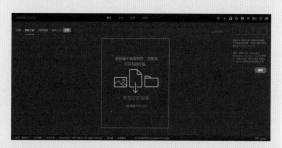

图3-78

另外，还可以运用该网站分析颜色的功能，分析大师的绘画、摄影等作品中的配色，为自己照片的色彩搭配提供思路。在图3-79中，对世界名画《呐喊》进行了分析，网页立即提供了该名画的配色方案，这对我们平时的配色学习大有帮助。该页面分析完成后，还可以返回色轮界面，查看颜色在色轮上的位置。

图3-79

第 4 章
抠图技术

本章导读

本章主要介绍进行后期合成的重要技术 ——抠图技术。抠图是实现后期合成的基础，抠图其实就是创建选区，只要完成选区的创建，抠图也就随之完成了。当我们掌握各种抠图技术后，在后期合成时不仅能灵活地对素材进行处理，还能快速找出需要调整的选区，以进一步完成其他操作。

本章要点：

· 常用的抠图（创建选区）技术；

· 应用抠图技术完成复杂素材的抠图操作。

4.1 用套索工具抠图

当用套索工具抠图时，主要使用"套索工具"和"多边形套索工具"建立选区并抠图，而"磁性套索工具"的应用相对较少。其中"套索工具"的自由度较高，常用来绘制不必太精确的选区，以及增加或减少选区。而"多边形套索工具"默认用于绘制直线，因此适合用来绘制边缘为直线的多边形选区。

案例：用"多边形套索工具"抠出大熊猫

实例位置	实例文件>CH04>案例：用"多边形套索工具"抠出大熊猫.psd
素材位置	素材文件>CH04>大熊猫.jpg
视频名称	用"多边形套索工具"抠出大熊猫.mp4
技术掌握	用"多边形套索工具"抠图的方法和技巧

本案例演示的是如何运用"多边形套索工具"抠出大熊猫，原图和效果图如图4-1所示。

思路分析 观察原图，需要抠取大熊猫雕塑，虽然较复杂，但由于其外轮廓均为直线，因此可以运用"多边形套索工具"的特性快速绘制出边缘为直线的多边形选区。

操作步骤

图4-1

（1）在Photoshop中打开"素材文件>CH04>大熊猫.jpg"文件，按Ctrl+J快捷键，复制当前图层，选择"多边形套索工具"，如图4-2所示。

图4-2

（2）为了确保路径绘制准确，在绘制路径的过程中，可以按Ctrl++快捷键（或按住Alt键并滚动鼠标滚轮），将图片放大。开始绘制时，按照习惯，选择大熊猫任意一侧作为起点（案例中选择以大熊猫的右爪作为起点）。在大熊猫的右爪附近单击，建立起始点，如图4-3所示。

（3）在大熊猫雕塑边缘的直线转折处适当的位置单击，创建第2个点，在该点与起始点之间绘制线段，在遇到需要转折的地方就单击，建立一个转折点，如图4-4所示。

图4-3

图4-4

（4）以此类推，沿着雕塑边缘，继续绘制路径，当路径绘制到放大的图片的边缘时，按住空格键并拖曳鼠标，移动图片位置，继续操作，如图4-5所示。

（5）当路径绘制到画面外以后，便可以任意绘制了，只要确保绘制的路径回到起始点，单击便完成了选区的绘制，如图4-6所示。

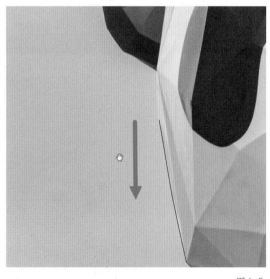

图4-5

图4-6

（6）单击"图层"面板下方的 ▣ 按钮，完成抠图（也可以按Ctrl+J快捷键，通过复制选区到新图层完成抠图，但使用蒙版有助于对图片进行进一步的调整），如图4-7所示。

图4-7

（7）为了观察抠图效果，在抠出的图层下方新建一个纯色图层，并更换几种不同的底色，如图4-8所示。

图4-8

小技巧　在图片中绘制抠图路径时，如果位置选错，按Delete键，删除当前转折点，再次按Delete键，删除前一个转折点，以此类推。

当绘制抠图路径时，建议沿着物体边缘往内偏移1~2像素。如果镂空抠图，则可以往外偏移1~2像素，这样可以有效地避免抠出的物体存在不干净的边缘。

4.2 用"魔棒工具"抠图

"魔棒工具"可用于快速选出色彩类似的图像区域，因此常用于在背景较干净的画面中进行快速抠图。

案例：用"魔棒工具"抠出天上的热气球

实例位置	实例文件>CH04>案例：用"魔棒工具"抠出天上的热气球.psd
素材位置	素材文件>CH04>热气球.jpg
视频名称	用"魔棒工具"抠出天上的热气球.mp4
技术掌握	用"魔棒工具"抠图的方法和技巧

本案例演示的是如何运用"魔棒工具"抠出天上的热气球，原图和效果图如图4-9所示。

思路分析 观察原图，需要抠取的热气球在蓝色的天空背景中，背景非常干净，与热气球的颜色对比明显，因此可以考虑使用"魔棒工具"进行快速抠图。

图4-9

操作步骤

（1）在Photoshop中，打开"素材文件>CH04>热气球.jpg"文件，按Ctrl+J快捷键，复制图层，为了方便观察，这里先关闭"背景"图层。选择"魔棒工具"，为了方便在操作过程中增加选区，在工具属性栏中单击█按钮，将"取样大小"设为"取样点"，将"容差"设为40，如图4-10所示。

（2）在画面中的天空部分单击，出现选区，如图4-11所示。

图4-10　　　　　　　图4-11

（3）如果天空中有部分区域（如云朵部分）没被选中，可以在云朵部分单击来增加选区，如图4-12所示。

（4）通过多次单击将天空和云朵全部选中。完成选取操作后，会得到除热气球外的背景选区。但需要选择的是热气球，因此可以选择菜单栏中的"选择"→"反选"，或按Shift+Ctrl+I快捷键进行反选，获得热气球选区，如图4-13所示。

图4-12

图4-13

（5）单击"图层"面板下方的■按钮，完成抠图，也可以按Ctrl+J快捷键，通过复制选区到新图层完成抠图，如图4-14所示。

（6）为了观察抠图效果，在抠出的图层下方新建一个纯色图层，并更换几种不同的底色，如图4-15所示。

图4-14

图4-15

4.3 用"快速选择工具"抠图

"快速选择工具"用于自动检测对象边缘并建立选区。在使用该工具时，需要采取涂抹的方式指定选区，在保证被选择物体边界清晰的前提下，创建选区的速度比"套索工具"的快。因此该工具适合在画面中物体较多又不便于使用其他选区工具时使用。

案例：用"快速选择工具"抠出墙上的挂件

实例位置	实例文件>CH04>案例：用"快速选择工具"抠出墙上的挂件.psd
素材位置	素材文件>CH04>墙上的挂件.jpg
视频名称	用"快速选择工具"抠出墙上的挂件.mp4
技术掌握	用"快速选择工具"抠图的方法和技巧

本案例演示的是如何运用"快速选择工具"抠出墙上的挂件，原图和效果图如图4-16所示。

> **思路分析** 观察原图，需要抠取的墙上的挂件处在较复杂的背景中，同时该挂件内部区域较复杂，使用"魔棒工具"抠图的效果可能不太理想，因此可以考虑使用"快速选择工具"抠图。

图4-16

■ **操作步骤** ■

（1）在Photoshop中，打开"素材文件>CH04>墙上的挂件.jpg"文件，按Ctrl+J快捷键，复制图层，为了便于观察，先关闭"背景"图层。选择"快速选择工具"，为了便于在操作过程中增加选区，在工具属性栏中单击 按钮，如图4-17所示。

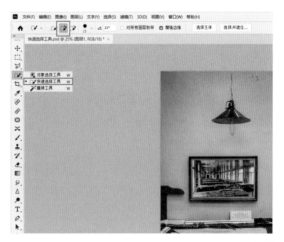

图4-17

（2）按住鼠标左键，在需要抠取的物品上涂抹，Photoshop会自动识别涂抹区域的边界并建立选区，如图4-18所示。

（3）观察图中剩下的没有选择完全的区域，单击，将这些区域添加到选区中，如图4-19所示。

图4-18 图4-19

（4）如果选择了多余区域，可以在工具属性栏中单击 按钮，或在操作时按住Alt键，切换为减去选区的状态，然后在多余的区域内单击或拖曳，将这些区域减去。也可以根据实际情况使用"魔棒工具""套索工具"等调整选区，如图4-20所示。

（5）通过反复添加和减少选区的操作，得到一个较满意的选区，如图4-21所示。

图4-20 图4-21

（6）单击"图层"面板下方的 ▣ 按钮，完成抠图，如图4-22所示。

（7）为了观察抠图效果，在抠出的图层下方新建一个纯色图层，并更换几种不同的底色，如图4-23所示。

图4-22

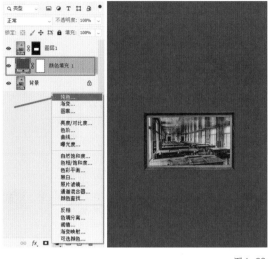

图4-23

小技巧 如果物体边缘不够明显，那么在使用"快速选择工具"时，识别边界可能会很困难。此时

可以尝试在Photoshop中先复制图层，然后选择菜单栏中的"滤镜"→"风格化"→"照亮边缘"，增强物体的边缘，再用"快速选择工具"建立选区，如图4-24所示。

建立选区后再回到原图层，根据选区边缘情况，在Photoshop中，选择菜单栏中的"选择"→"修改"→"收缩"，收缩选区1~3像素（根据实际图片的大小，参数可能不同），完成精确抠图。

如果"滤镜"→"风格化"下面的"照亮边缘"处于灰色状态，表示它不可使用，可以尝试将图像模式改为8位通道，再使用"照亮边缘"滤镜。

图4-24

4.4 用"对象选择工具"抠图

前面的两个案例演示了"魔棒工具"和"快速选择工具"的功能与应用场景。其实针对这两个案例，使用"对象选择工具"能够更快地完成抠图，但前面并没有直接告知读者最简单的方法，而希望读者通过这个学习过程，掌握和了解每种选区工具的特性，这样在实际操作时才能真正做到灵活运用，高效地完成抠图。

案例：用"对象选择工具"抠出桌上的水果

实例位置	实例文件>CH04>案例：使用"对象选择工具"抠出桌上的水果.psd
素材位置	素材文件>CH04>桌上的水果.jpg
视频名称	用"对象选择工具"抠出桌上的水果.mp4
技术掌握	用"对象选择工具"抠图的方法和技巧

本案例演示的是如何运用"对象选择工具"抠出桌上的水果，原图和效果图如图4-25所示。

思路分析 观察原图，需要抠取的水果与桌面对比明显，因此只需要使用"对象选择工具"，便能自动识别出图中的物体并建立选区。

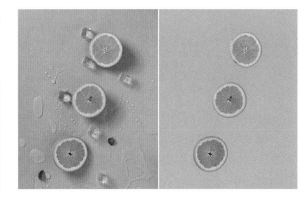

图4-25

■ 操作步骤 ■

（1）在Photoshop中，打开"素材文件>CH04>桌上的水果.jpg"文件，按Ctrl+J快捷键，复制图层，选择"对象选择工具"，为了便于快速选择桌面上的水果，在工具属性栏中勾选"对象查找程序"复选框，同时单击 ⬜ 按钮，将"模式"改为"套索"，如图4-26所示。

（2）移动鼠标指针到水果上方，自动识别出图中的水果，并叠加上一层蓝色作为提示，单击即可为该物体创建选区，再以同样的方式单击图中的第2个水果，将其也添加到选区中，如图4-27所示。

图4-26

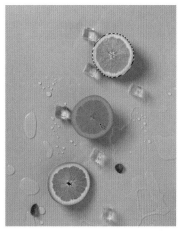

图4-27

（3）当把鼠标指针移动到第3个水果上方时，并没有出现蓝色的识别提示，因此按住鼠标左键，用绘制的方法框选出第3个水果的大致范围，自动识别出框选区域内的物体并建立选区，如图4-28所示。

（4）添加蒙版，完成抠图，如图4-29所示。

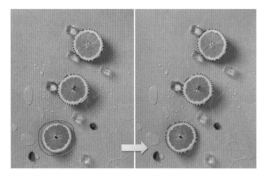

图4-28

图4-29

（5）为了观察抠图效果，在抠出的图层下方新建一个纯色图层，并更换几种不同的底色，如图4-30所示。

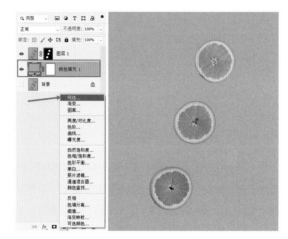

图4-30

4.5 用"钢笔工具"抠图

"钢笔工具"经常用于抠取复杂背景中边缘较平滑的物体。"钢笔工具"的抠图质量较高，"钢笔工具"不适合抠取毛发、树枝和玻璃杯等边缘较复杂或半透明的物体，其他普通的抠图工作使用它能完成，因此用"钢笔工具"抠图是后期合成中运用最广泛的抠图方法之一。

案例：用"钢笔工具"抠出鹦鹉螺旋梯

实例位置	实例文件>CH04>用"钢笔工具"抠出鹦鹉螺旋梯.psd
素材位置	素材文件>CH04>鹦鹉螺旋梯.jpg
视频名称	用"钢笔工具"抠出鹦鹉螺旋梯.mp4
技术掌握	用"钢笔工具"抠图的方法和技巧

本案例演示的是如何运用"钢笔工具"抠出鹦鹉螺旋梯，原图和效果图如图4-31所示。

思路分析 观察原图，需要抠取的楼梯边缘较平滑，且存在一定的弧度。在Photoshop中，选择"钢笔工具"，绘制路径的同时拖曳控制点可以快速绘制出平滑的弧形路径，因此在本案例中运用"钢笔工具"抠图应该是一个不错的选择。

图4-31

■ **操作步骤**

（1）在Photoshop中，打开"素材文件>CH04>鹦鹉螺旋梯.jpg"文件，按Ctrl+J快捷键，复制图层，选择"钢笔工具"，设置工具模式为"路径"，如图4-32所示。

（2）单击，在楼梯边缘上方建立起始锚点，如图4-33所示。

（3）沿着楼梯边缘在适当的位置，按住鼠标左键创建第2个锚点的同时拖曳鼠标（如果物体边缘为直线，则不需要拖曳），使路径变为曲线路径，以贴合楼梯边缘，如图4-34所示。

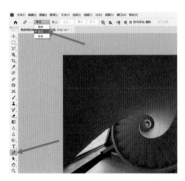

图4-32　　　　　　　　　　图4-33　　　　　　　　　　图4-34

（4）以此类推，沿着楼梯边缘，继续绘制路径。当绘制到拐角处时，需要按住Alt键，单击刚建立的平滑锚点，将其转换为角点（或按住Alt键，拖曳一侧控制点，转向下一个锚点的方向），如图4-35所示。

（5）当路径绘制到画面外之后，便可以任意绘制了，只要确保钢笔路径回到起始位置，单击便可完成路径的绘制。绘制完成后将得到一个封闭且完整的路径，如图4-36所示。检查路径位置，确定没有偏移之后，按Ctrl+Enter快捷键，将路径载入选区。

（6）楼梯中心的镂空部分需要抠除，所以在保留当前选区的同时，用"钢笔工具"把楼梯的中心选区绘制出来，如图4-37所示。

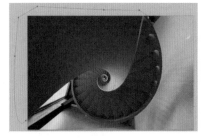

图4-35　　　　　　　　　　　　图4-36　　　　　　　　　　　　图4-37

（7）设置工具属性栏中的"建立"为"选区"。在弹出的"建立选区"对话框中选中"从选区中减去"单选按钮，如图4-38所示，单击"确定"按钮，得到所需选区。

（8）按Ctrl+J快捷键，复制图层（也可以创建蒙版），完成抠图。为了观察抠图效果，在抠出的图层下方新建一个纯色图层，并更换几种不同的底色，如图4-39所示。

图4-38　　　　　　　　　　　　　　　　　　　　　　　　　　图4-39

> **小提示**　绘制完成路径后，如果在检查时发现部分路径有偏移，可以按住Ctrl键并拖曳锚点来调整路径；也可以在需要更改的路径上单击，添加锚点后再进行更精细的调整。

4.6 运用图层混合模式抠图

在Photoshop的合成操作中，当素材图片符合一定的条件时，便可以通过调整图层混合模式实现"一键抠图"。此方法操作简单，抠图效果好，因此当合成的素材符合相应条件时，通常优先使用此方法。

案例：运用图层混合模式抠出纯黑或纯白背景中的物体

实例位置	实例文件>CH04>案例：运用图层混合模式抠出纯黑或纯白背景中的物体.psd
素材位置	素材文件>CH04>手.jpg、纯黑背景中的物体.jpg、纯白背景中的物体.jpg
视频名称	运用图层混合模式抠出纯黑或纯白背景中的物体.mp4
技术掌握	运用图层混合模式抠图的方法和技巧

本案例演示的是如何运用图层混合模式抠出纯黑或纯白背景中的物体，原图和效果图如图4-40所示。

思路分析 观察需要合成到背景图中的两个素材，一个为白色背景中的物体，另一个为黑色背景中的物体，当遇到这两种情况时，便可以优先采用修改素材的图层混合模式的方式来实现抠图。

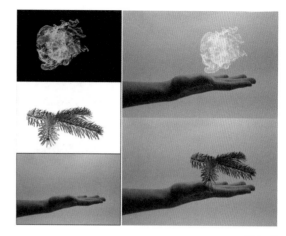

图4-40

■ 操作步骤 ■

（1）在Photoshop中，打开"素材文件>CH04>手.jpg"文件，将"素材文件>CH04>纯黑背景中的物体.jpg"素材拖入"背景"图层，调整素材大小和位置，如图4-41所示。

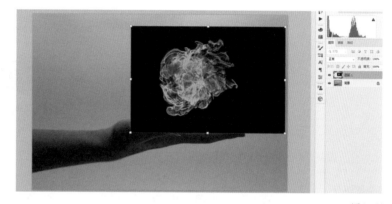

图4-41

（2）将"图层1"的混合模式改为"滤色"，完成对该素材的抠取，如图4-42所示。

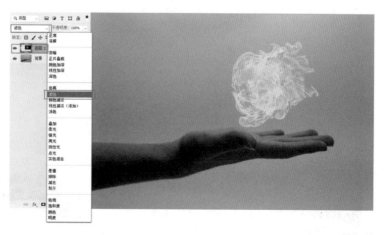

图4-42

（3）对纯白背景中的物体进行抠取。关闭"图层1"，将"素材文件>CH04>纯白背景中的物体.jpg"素材拖入"背景"图层中，调整素材大小和位置，如图4-43所示。

图4-43

（4）将"图层2"的混合模式改为"变暗"或"正片叠底"，完成对该素材的抠取，如图4-44所示。

图4-44

小技巧 在合成过程中有时会遇到素材背景不够黑的情况，如果直接修改图层混合模式为"滤色"，可能会出现抠不干净的问题，如图4-45所示。这时只需要运用"色阶"功能调整图层，将背景部分调得更黑便可以完美解决该问题，如图4-46所示。

图4-45　　　　　　　　　　　图4-46

同理，当素材背景不够白时，也可以通过反相调节色阶，使背景更白，以实现抠图的最佳效果。

当遇到图4-47所示的情况时，若素材内部存在黑色或白色的部分，它们会在运用图层混合模式抠图时一并被抠掉。这时只需要复制素材图层并把副本移到上方，将图层的混合模式改为"正常"，然后结合蒙版涂抹，将该部分重新显现出来便可，如图4-48所示。

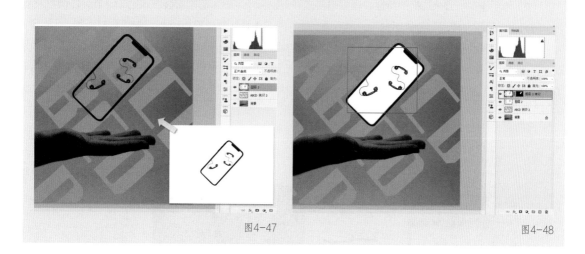

图4-47　　　　　　　　　　　　　　　　　　　　　　　　　　图4-48

4.7 运用快速蒙版模式抠图

在对云朵这类边缘不规则、边界模糊同时对边缘形态要求不太严格的图片进行抠取时，可以使用快速蒙版和画笔的形状或柔边缘特性来完成抠图操作。

案例：运用快速蒙版模式抠出天空中的云朵

实例位置	实例文件>CH04>案例：运用快速蒙版模式抠出天空中的云朵.psd
素材位置	素材文件>CH04>天空中的云朵.jpg
视频名称	运用快速蒙版模式抠出天空中的云朵.mp4
技术掌握	运用快速蒙版抠图的方法和技巧

本案例演示的是如何运用快速蒙版模式抠出天空中的云朵，原图和效果图如图4-49所示。

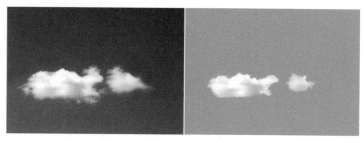

图4-49

思路分析　观察原图，需要抠取的云朵的边缘不规则、边界模糊，且云朵没有固定的形态，因此可以考虑运用快速蒙版进行抠图。在快速蒙版下使用云朵画笔或柔边缘画笔进行涂抹，不仅可以快速制作出云朵选区，而且不会得到过于生硬的边缘。

■ 操作步骤 ■

（1）在Photoshop中，打开"素材文件>CH04>天空中的云朵.jpg"文件，按Ctrl+J快捷键，复制图层，为了方便观察抠图效果，将"背景"图层隐藏，单击工具栏下方的⬜按钮或按Q键，进入快速蒙版模式，此时"图层1"变为红色的，如图4-50所示。

（2）为了模拟出云朵边缘的特性，根据需要选择安装云朵笔刷（笔刷安装方式见6.1.1节），调节画笔为合适大小，设置"模式"为"正常"，"不透明度"和"流量"都设置为100%，如图4-51所示。

（3）为了模拟出云朵边缘的随机性，避免云朵边缘过于生硬，打开"画笔设置"面板，勾选"形状动态"复选框，按照实际需求分别对"大小抖动""最小直径""角度抖动""圆度抖动"进行设置（图4-52仅用于展示效果明显，实际参数不用调这么大），勾选"传递"和"平滑"复选框，如图4-52所示。

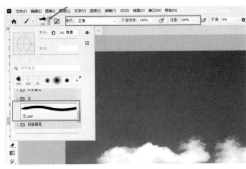

图4-50　　　　　　　　　　　　　　　图4-51　　　　　　　　　　　　图4-52

（4）使用画笔涂抹云朵内部，涂抹到的地方会被标记为红色，如图4-53所示，涂抹时不用太靠近边缘，可以根据需要随时调整画笔大小。因为云朵本来就没有固定的边缘，所以不用太在意云朵的边缘。

（5）单击工具栏下方的⬛按钮或按Q键，根据涂抹区域自动生成选区。细心观察会发现所建立的选区与涂抹区域正好相反，也就是除涂抹区域以外的区域被选中，而涂抹区域并未被选中，如图4-54所示。

（6）为了得到云朵选区，选择菜单栏中的"选择"→"反选"或按Shift+Ctrl+I快捷键，效果如图4-55所示。

图4-53　　　　　　　　　　　　　　图4-54　　　　　　　　　　　　图4-55

（7）添加图层蒙版，完成抠图。为了观察抠图效果，在抠出的图层下方新建一个纯色图层，并更换几种不同的底色，如图4-56所示。如果有不完美的地方，可以根据实际情况在蒙版中进行修改。

图4-56

4.8 运用"色彩范围"功能抠图

"色彩范围"功能可用于根据所选择的颜色和设置的容差对图片进行分析并创建选区。当画面中的主体与背景有明显色彩差异时，使用"色彩范围"功能能够快速将这些区域选择出来并创建成选区。

案例：运用"色彩范围"功能快速抠出复杂的楼梯

实例位置	实例文件>CH04>案例：运用"色彩范围"功能快速抠出复杂的楼梯.psd
素材位置	素材文件>CH04>楼梯.jpg
视频名称	运用"色彩范围"功能快速抠出复杂的楼梯.mp4
技术掌握	运用"色彩范围"功能抠图的方法和技巧

本案例演示的是如何运用"色彩范围"功能抠出复杂的楼梯，原图和效果图如图4-57所示。

思路分析 观察原图，从结构上分析，图中楼梯的结构较复杂，特别是栏杆上的孔洞较多，如果使用"钢笔工具"或"套索工具"进行抠图，需要花费大量的时间；从色彩上分析，蓝色楼梯与背景的颜色区别较大，因此可以考虑使用"色彩范围"功能进行抠图。

图4-57

■ 操作步骤 ■

（1）在Photoshop中，打开"素材文件>CH04>楼梯.jpg"文件，按Ctrl+J快捷键，复制图层，选择菜单栏中的"选择"→"色彩范围"，如图4-58所示。

（2）在"色彩范围"对话框中，选择"取样颜色"，用吸管吸取需要的颜色，这里吸取楼梯背景中的颜色，如图4-59所示。

（3）观察预览图，调整"颜色容差"值，直到需要选取的区域在预览图中呈白色（黑色表示未选中的区域），如图4-60所示。

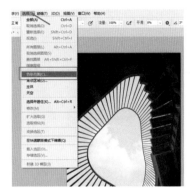
图4-58

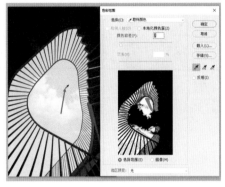
图4-59

图4-60

（4）观察预览图会发现云朵的色彩与天空的色彩有差别，所以单击 按钮，吸取云朵的颜色，将云朵也添加进选区，如图4-61所示。

（5）单击"确定"按钮，根据选取的颜色和设置的容差值，将背景自动创建为选区，如图4-62所示。

（6）为了得到楼梯选区，选择菜单栏中的"选择"→"反选"，或按Shift+Ctrl+I快捷键，进行反选，如图4-63所示。

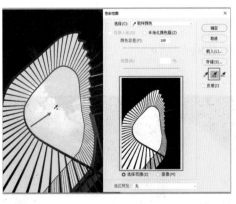
图4-61

图4-62

图4-63

（7）单击"图层"面板下方的 按钮，完成抠图，如图4-64所示。

（8）为了观察抠图效果，在抠出的图层下方新建一个纯色图层，并更换几种不同的底色，如图4-65所示。

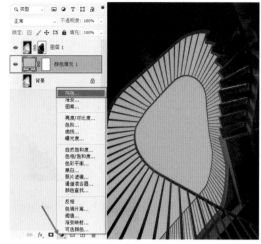

图4-64   图4-65

4.9 运用"焦点区域"功能抠图

使用"焦点区域"功能能够根据设置的"焦点对准范围"参数分析画面中焦点范围内最清晰的部分，以建立选区。因此，在主体清晰、背景模糊的浅景深的图片中，可以使用该功能来快速完成选区的创建。

案例：运用"焦点区域"功能快速抠出天台及管道

实例位置	实例文件>CH04>案例：运用"焦点区域"功能快速抠出天台及管道.psd
素材位置	素材文件>CH04>管道.jpg
视频名称	运用"焦点区域"功能快速抠出天台及管道.mp4
技术掌握	运用"焦点区域"功能的方法和技巧

本案例演示的是如何运用"焦点区域"功能抠出天台及管道，原图和效果图如图4-66所示。

思路分析　观察原图，因为使用了大光圈、浅景深，该照片中管道处比较清晰，背景则被虚化了，所以可以使用"焦点区域"功能来分析照片中的物体，从而生成选区。

图4-66

■ 操作步骤 ■

（1）在Photoshop中，打开"素材文件>CH04>管道.jpg"文件，按Ctrl+J快捷键，复制图层，选择菜单栏中的"选择"→"焦点区域"，如图4-67所示。

（2）为了便于对选区进行观察，在"焦点区域"对话框中选择所需的视图模式，这里选择"叠加"，未选中的区域会用红色表示，如图4-68所示。

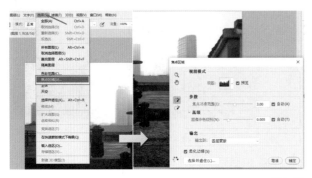

图4-67　　　　　　　　　　　　　　　　　　　图4-68

（3）在"参数"选项组中，勾选"自动"复选框或手动调整"焦点对准范围"，还可以对"图像杂色级别"进行调整。这里不勾选"自动"复选框，只根据需要调整"焦点对准范围"，直至红色覆盖除天台以外的部分，如图4-69所示。

图4-69

（4）如果调整后对选区仍不满意，还可以通过左侧的"快速选择"工具添加或减少选区，如图4-70所示。放大照片后，对阀门的镂空部分进行减少选区的操作，使其颜色变为红色，表示将其排除在选区之外。

图4-70

（5）根据物体边缘的情况，确定是否勾选"柔化边缘"复选框，这里保持默认的勾选状态，根据需要对"输出到"进行选择，可输出到选区、图层蒙版、新建图层等。为了方便进一步调整，此处选择"图层蒙版"，单击"确定"按钮，完成抠图，如图4-71所示。

（6）为了观察抠图效果，在抠出的图层下方新建一个纯色图层，并更换几种不同的底色，如图4-72所示。

图4-71

图4-72

> **小技巧** 如果需要抠取的元素边缘太过复杂，例如，存在毛发，便可以在"焦点区域"对话框中单击下方的"选择并遮住"按钮，进一步调整抠图细节，如图4-73所示。

图4-73

4.10 运用"主体"功能抠图

当画面中的主体明确且具有唯一性时，可以使用"主体"功能一键完成选区的制作。该功能的使用方法非常简单，当需要抠取的图像符合类似条件时，可以优先考虑使用该功能。

案例：运用"主体"功能快速抠出照片中的人物剪影

实例位置	实例文件>CH04>案例：运用"主体"功能快速抠出照片中的人物剪影.psd
素材位置	素材文件>CH04>人物剪影.jpg
视频名称	运用"主体"功能快速抠出照片中的人物剪影.mp4
技术掌握	运用"主体"功能抠图的方法和技巧

本案例演示的是如何运用"主体"功能抠出海边的人物剪影，原图和效果图如图4-74所示。

思路分析 观察原图，画面中的人物剪影主体很明确且具有唯一性，附近没有其他元素干扰，因此可以使用简单快捷的"主体"功能一键完成抠图。

图4-74

操作步骤

（1）在Photoshop中，打开"素材文件>CH04>人物剪影.jpg"文件，按Ctrl+J快捷键，复制图层，选择菜单栏中的"选择"→"主体"，如图4-75所示，根据画面的布局、清晰程度和占比大小等，自动确定主体，并自动为画面中的主体建立选区。

（2）有时候识别出的主体会存在瑕疵，本例中小朋友的头部未被识别出来，需要使用"快速选择工具"将未识别出的部分添加进选区，如图4-76所示。

图4-75 图4-76

（3）单击"图层"面板下方的■按钮，完成抠图，如图4-77所示。

（4）为了观察抠图效果，在抠出的图层下方新建一个纯色图层，并更换几种不同的底色，图4-78所示为更换为橙色底色的效果。如果有不满意的地方，可以在蒙版中进行修改。

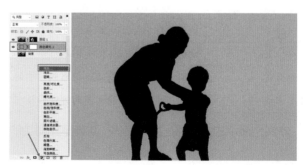

图4-77 图4-78

4.11 运用"天空"功能抠图

在摄影后期合成操作中，经常会为天空部分建立选区，以达到更换背景天空的目的。在一些地景和天空分界较明显的图片中，可以直接运用"天空"功能进行抠图。

案例：运用"天空"功能快速抠出建筑

实例位置	实例文件>CH04>案例：运用"天空"功能快速抠出建筑.psd
素材位置	素材文件>CH04>建筑与天空.jpg
视频名称	运用"天空"功能快速抠出建筑.mp4
技术掌握	运用"天空"功能抠图的方法和技巧

本案例演示的是如何运用"天空"功能抠取建筑，并对建筑的背景进行替换，原图和效果图如图4-79所示。

思路分析 观察原图，图中建筑与天空的分界明显，而且只需要对建筑进行抠取，因此可以运用"天空"功能进行抠图。

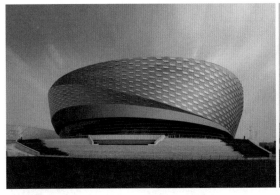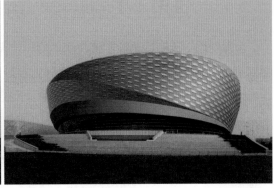

图4-79

■ **操作步骤** ■

（1）在Photoshop中，打开"素材文件>CH04>建筑与天空.jpg"文件，按Ctrl+J快捷键，复制图层，选择菜单栏中的"选择"→"天空"，如图4-80所示，自动分析画面中的天空部分，并建立选区。

（2）为了得到建筑选区，选择菜单栏中的"选择"→"反选"或按Shift+Ctrl+I快捷键，进行反选，如图4-81所示。如果直接建立反相蒙版，则可以忽略这一步。

图4-80

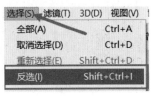

图4-81

（3）单击"图层"面板下方的按钮，完成抠图，如图4-82所示。按住Alt键的同时单击按钮，可以建立反相蒙版。

（4）在新图层下方，建立纯色图层或放入其他天空素材，完成抠图或更换天空操作，如图4-83所示。

图4-82

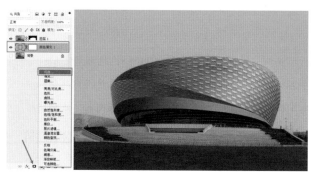

图4-83

4.12 运用"天空替换"功能抠图

虽然使用"天空"功能能够快速地制作出天空选区，但不能进一步对选区进行调节，因此当遇到天空边缘与地景中的物体的交界处较复杂的图片时，该功能的最终处理效果往往不太理想，如图4-84所示。这时便可以使用"天空替换"功能进行抠图或换天处理。

图4-84

案例：运用"天空替换"功能快速抠出边缘复杂的天空部分

实例位置	实例文件>CH04>案例：运用"天空替换"功能快速抠出边缘复杂的天空部分.psd
素材位置	素材文件>CH04>风景.jpg
视频名称	运用"天空替换"功能快速抠出边缘复杂的天空部分.mp4
技术掌握	运用"天空替换"功能抠图的方法和技巧

本案例演示的是如何运用"天空替换"功能对风景图中的天空进行替换，同时获得天空部分的选区。原图和效果图如图4-85所示。

思路分析 相较于4.11节的案例图片，图4-85中地景与天空交界处较复杂，为了达到更好的抠图效果，可以运用"天空替换"功能来制作需要的选区。

图4-85

■ 操作步骤

（1）在Photoshop中，打开"素材文件>CH04>风景.jpg"文件，按Ctrl+J快捷键，复制图层，选择菜单栏中的"编辑"→"天空替换"，如图4-86所示。

（2）打开"天空替换"对话框，可在"天空"下拉列表中任意选择一款"天空"预设，也可以单击下方的回按钮，选择天空素材来进行替换，如图4-87所示。

（3）观察原图中天空的边缘，拖曳"移动边缘""渐隐边缘"滑块进行调节，根据需要，可以使用"天空画笔"手动添加和减少天空选区，如图4-88所示。

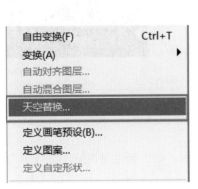

图4-86　　　　　图4-87　　　　　　　　　　　　图4-88

（4）根据原图中的色调或自己的需求，对"亮度"和"色温"进行调整，如图4-89所示。如果只对天空进行抠取，可以忽略步骤（4）~（6）。

（5）根据原图中的环境情况，拖曳"缩放"滑块来调整天空背景的大小，如图4-90所示。若勾选"翻转"复选框，则可以将天空素材水平翻转。

（6）在"前景调整"选项组中，可以对地景的光照模式、光照与颜色进行调整，可以观察图片中地景与天空的交界处来进行调整，使替换效果更加真实，如图4-91所示。

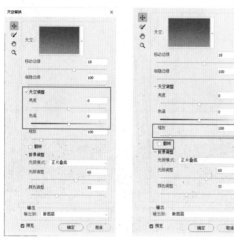

图4-89　　　　　　　　　图4-90

图4-91

（7）将"输出到"设为"新图层"，完成天空的替换，如图4-92所示。

（8）如果要获得天空选区，可以在"天空替换组"图层中找到"天空"图层，按住Ctrl键的同时，单击该图层的蒙版，如图4-93所示。

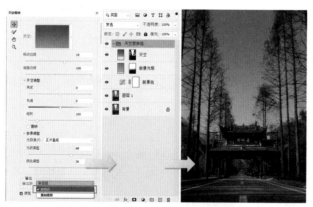

图4-92

图4-93

（9）为了得到地景选区，选择菜单栏中的"选择"→"反选"或按Shift+Ctrl+I快捷键，进行反选，如图4-94所示。

（10）选择"图层1"，单击"图层"面板下方的 ▣ 按钮，完成抠图，关闭"天空替换组"和"背景"图层，抠出地景，如图4-95所示。

图4-94	图4-95

小技巧 "天空"功能和"天空替换"功能基本相同,但前者的使用方法更加简单。如果画面中天空与地景的区分比较明确,而且只需要将天空和地面分离,不需要考虑替换天空,那么优先使用前者,可提高效率。而后者的优势在于能够处理更加复杂的天空,当地景与天空分界不太明显时,优先使用后者,这样的效果更加理想,并且后者提供了丰富的"天空"预设,可以直接替换。当了解了两种功能各自的应用环境和优势后,抠图时就能根据实际情况选择最合适的方式。

4.13 运用"通道"功能抠图

当图中前景与天空的色彩和明暗区别较明显时,便可以借助通道进行精细抠图。

案例:运用"通道"功能抠出复杂的大树边缘

实例位置	实例文件>CH04>案例:运用"通道"功能抠出复杂的大树边缘.psd
素材位置	素材文件>CH04>大树.jpg
视频名称	运用"通道"功能抠出复杂的大树边缘.mp4
技术掌握	运用"通道"功能抠图的方法和技巧

　　本案例演示的是如何运用"通道"功能对复杂的大树进行抠图,原图和效果图如图4-96所示。

思路分析 观察原图,可以发现图中树木的边缘相当复杂,但树木的绿色和天空的蓝色明度区别较明显,因此可以运用"通道"功能进行复杂边缘的抠图。虽然使用"天空替换"功能也能完成这里的抠图,但"天空替换"功能只适用于有天空的图片,而掌握了用"通道"功能抠图的方法后,还可以把它应用到其他明度区别明显的图片中。

图4-96

■ **操作步骤** ■

（1）在Photoshop中，打开"素材文件>CH04>大树.jpg"文件，按Ctrl+J快捷键，复制图层。打开"通道"面板，依次选择并观察"红""绿""蓝"3个通道，找到蓝天与树木反差最明显的通道，这里选择"蓝"通道，如图4-97所示。

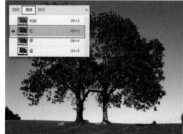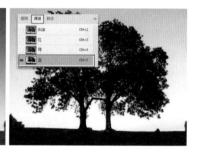

图4-97

（2）右击"蓝"通道，在弹出的快捷菜单中选择"复制通道"，或直接将"蓝"通道拖到"通道"面板下方的 按钮上，复制该通道，如图4-98所示。

（3）现在对比最强烈的"蓝"通道被复制出来了，为了让该通道图片中黑的区域更黑，白的区域更白，还需要对该通道进行进一步的调节。选择"蓝拷贝"通道，选择菜单栏中的"图像"→"调整"→"色阶"，如图4-99所示，或按Ctrl+L快捷键，打开"色阶"对话框。

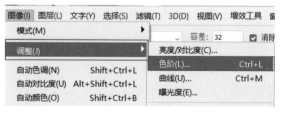

图4-98   图4-99

（4）调整"输入色阶"下方的3个滑块，使"蓝拷贝"通道中树木与天空的对比进一步增强，使黑白区分更加明显，如图4-100所示。也可以单击旁边的黑场和白场两个吸管按钮，分别吸取图片中需要变黑和变白的地方。单击"确定"按钮，完成色阶调整。

（5）放大观察可以发现，树干和草地的内部存在一些白色区域，为了使抠图效果更加理想，可以使用"硬度""不透明度""流量"均为100%的黑色画笔将草地里白色的瑕疵部分涂黑，同理，如果天空不够干净，也可以用白色画笔将天空中的瑕疵部分涂白，如图4-101所示。如果在实际工作中出现灰色区域，可以使用工具栏中的 ◔ 按钮和 ♦ 按钮进行调整。

（6）按住Ctrl键的同时，单击"蓝拷贝"通道，得到选区，如图4-102所示。

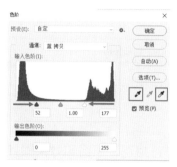
图4-100

图4-101

图4-102

（7）单击"RGB"通道，回到"图层"面板，这时已经为天空区域建立了选区，为了得到树木和草地选区，选择菜单栏中的"选择"→"反选"或按Shift+Ctrl+I快捷键，进行反选，如图4-103所示。

（8）单击"图层"面板下方的 ▫ 按钮，完成抠图，如图4-104所示。如果没有进行上一步的反选操作，这里可以按住Alt键并单击"图层"面板下方的"添加蒙版" ▫ 按钮，直接创建一个反相蒙版。

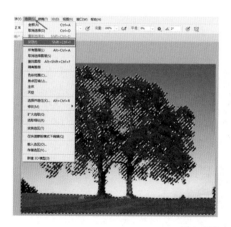
图4-103

图4-104

（9）在"图层1"下方建立纯色图层，观察抠图效果，如图4-105所示。

图4-105

4.14 运用"混合颜色带"功能抠图

通过对前面内容的学习，相信读者已经掌握了大部分物体的抠取方法，在抠图时可能还会遇见玻璃杯、冰块、玻璃窗户之类的物体，它们虽然有明确的边界，但因其本身透明和存在反光，所以直接按照边界进行抠取显然是不合适的。

案例：运用"混合颜色带"功能抠出玻璃瓶

实例位置	实例文件>CH04>案例：运用"混合颜色带"功能抠出玻璃瓶.psd
素材位置	素材文件>CH04>玻璃瓶.jpg
视频名称	运用"混合颜色带"功能抠出玻璃瓶.mp4
技术掌握	运用"混合颜色带"功能抠图的方法和技巧

本案例演示的是如何运用"混合颜色带"功能对玻璃瓶进行抠图，原图和效果图如图4-106所示。

思路分析 观察原图，玻璃瓶的透明和反光特性给抠图带来了一定的难度，如果直接按照玻璃瓶的外形进行抠图，那么当将玻璃瓶移动到其他场景中时，玻璃瓶的透明特性便不能表现出来。因此不能使用常规方法进行抠图。"图层样式"对话框中有一个"混合颜色带"功能，使用该功能能够通过滑块调节出透明与反光的效果，该功能非常适合应用在此类物体的抠取中。

图4-106

■ 操作步骤 ■

（1）在Photoshop中，打开"素材文件>CH04>玻璃瓶.jpg"文件，按Ctrl+J快捷键，复制当前图层，图中玻璃瓶本身是不带任何颜色的透明容器，所以将该图层选中后，选择菜单栏中的"图像"→"调整"→"去色"（也可以按Shift+Ctrl+U快捷键去色），并将该图层重命名为"玻璃瓶1"，如图4-107所示。

（2）按Ctrl+J快捷键，将去色后的"玻璃瓶1"图层复制一层，并将复制的图层重命名为"玻璃瓶2"，如图4-108所示，这样便能将玻璃瓶的高光和阴影部分分为两个图层，实现玻璃瓶的透明效果。

图4-107

图4-108

（3）为了便于在抠图过程中观察，在"背景"图层的上面建立一个纯色图层，以便及时调整抠图效果，如图4-109所示。

（4）为了便于观察，将"玻璃瓶2"图层暂时关闭，然后选择"玻璃瓶1"图层，双击"玻璃瓶1"图层的空白处，进入"图层样式"对话框，如图4-110所示。

图4-109

图4-110

（5）在"图层样式"对话框中，在"混合选项"选项组里，将"混合颜色带"设置为"灰色"，并将"本图层"下面的白色滑块往左拖曳，拖曳到合适位置后，按住Alt键并单击白色滑块将它拆分，继续拖曳调整，如图4-111所示，使玻璃瓶高光部分消失，且过渡自然，单击"确定"按钮，完成玻璃瓶阴影部分的抠取。

（6）将刚才的"玻璃瓶1"图层隐藏，选中上方的"玻璃瓶2"图层，取消隐藏，双击"玻璃瓶2"图层的空白处，进入"图层样式"对话框，在"图层样式"选项组中，将"混合颜色带"设为"灰色"，并将"本图层"下面的黑色滑块往右拖曳，拖曳到合适位置后，按住Alt键的同时单击黑色滑块将它拆分，继续拖曳调整，如图4-112所示，使玻璃瓶阴影部分消失，且过渡自然，完成玻璃瓶高光部分的抠取。

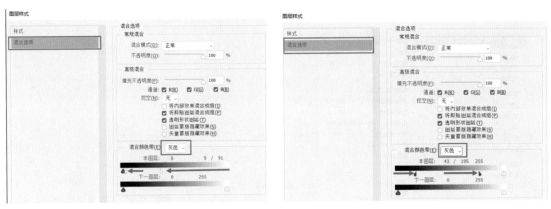

| 图4-111 | 图4-112 |

（7）将"玻璃瓶1"和"玻璃瓶2"图层同时显示，完成抠图，如图4-113所示。如果玻璃瓶的高光区域发白，感觉仍不够透明，可以适当降低"玻璃瓶2"图层的不透明度。

图4-113

（8）为了更好地观察抠图效果，调整步骤（3）中创建的纯色图层，在"拾色器"对话框中尝试更换几种背景颜色，如图4-114所示。

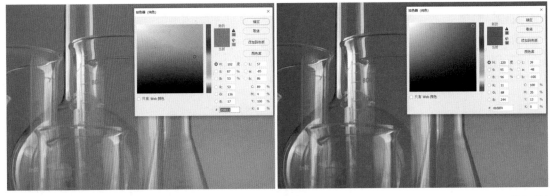

图4-114

4.15 运用"选择并遮住"功能抠图

在抠图时常常会遇到毛发这一类的东西，它们通常较杂乱且比较细，还会和背景融合在一起，因此初学者往往无从下手。随着Photoshop软件的不断更新，"选择并遮住"功能越来越完善，特别是其中的"调整边缘画笔工具"，使用该功能能够有效地完成毛发的抠取。

案例：运用"选择并遮住"功能抠出毛发

实例位置	实例文件>CH04>案例：运用"选择并遮住"功能抠出毛发.psd
素材位置	素材文件>CH04>简单毛发抠图练习.jpg
视频名称	运用"选择并遮住"功能抠出毛发.mp4
技术掌握	运用"选择并遮住"功能抠图的方法和技巧

本案例演示的是如何运用"选择并遮住"功能对画面中存在发丝的部分进行抠取，原图和效果图如图4-115所示。

> **思路分析** 观察原图可以发现，模特的头发随风飘散在空中且非常凌乱，背景整体来说比较干净，头发与背景的对比也比较明显，能够区分开，因此可以使用"选择并遮住"功能来抠图。

图4-115

■ **操作步骤** ■

（1）在Photoshop中，打开"素材文件>CH04>简单毛发抠图练习.jpg"文件，选择菜单栏中的"选择"→"主体"，如图4-116所示，快速得到主体部分选区。

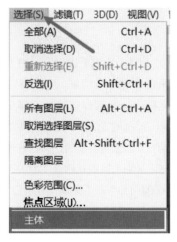

图4-116

95

（2）选择菜单栏中的"选择"→"选择并遮住"（快捷键为Alt+Ctrl+R），打开"属性"面板，如图4-117所示。

（3）在"属性"面板中，将"视图模式"改为"叠加"，将"不透明度"改为50%，将"颜色"改为红色，将"表示"设置为"被蒙版区域"，这样预览窗口中未选中的部分将显示为半透明的红色，方便观察选区情况和进行进一步调整，如图4-118所示。

（4）将"调整模式"改为"对象识别"，单击"调整细线"按钮，自动分析选择选定区域内的毛发、细线等边缘并计算出选区，如图4-119所示。

图4-118

图4-117

图4-119

（5）放大毛发选区，会发现它仍有许多瑕疵，在左侧工具栏中分别选择"快速选择工具""画笔工具""对象选择工具""套索工具"等，将这些瑕疵添加到选区或从选区中减去，如图4-120所示（具体操作方法与前面的相同，这里不再赘述）。如果有不理想的部分，可以选择"调整边缘画笔工具"，根据需

图4-120

要调整画笔大小，对不完善的发丝区域进行涂抹，涂抹时不用太过精细，可以超出或覆盖原有区域，并自动分析毛发边缘。

（6）根据需要，对"全局调整"和"输出设置"选项组进行调整。如果毛发边缘不太干净，可以在"输出设置"选项组中勾选"净化颜色"复选框并根据实际情况对"数量"进行调整，将"输出到"更改为"新建带有图层蒙版的图层"，如图4-121所示，单击"确定"按钮，完成抠图。

（7）在新图层下方建立纯色图层，观察抠图效果，如图4-122所示。

图4-121   图4-122

小技巧   在许多地方可以找到"选择并遮住"功能。除了选择菜单栏中的"选择"→"选择并遮住"外，当使用"选框工具""套索工具"和"快速选择工具"时，还能够在工具属性栏中找到"选择并遮住"功能，如图4-123所示。

右击图层蒙版，在弹出的快捷菜单中也能找到"选择并遮住"，可以在调整图层蒙版时使用此功能，如图4-124所示。

图4-123   图4-124

4.16 抠图技术的综合运用

前面共展示了多种抠图工具或功能的使用方法。在实际操作过程中需要总结经验，尽量使用最简便、效果最好的方法进行抠图。当我们遇到一些较复杂的情况时，需要灵活、综合运用掌握的多种抠图方法，相互补充，最终完成抠图。接下来，将尝试综合运用多种抠图技术，完成案例中大熊猫的抠图工作。

案例：综合运用多种抠图技术抠出大熊猫

实例位置	实例文件>CH04>案例：综合运用多种抠图技术抠出大熊猫.psd
素材位置	素材文件>CH04>大熊猫.jpg
视频名称	综合运用多种抠图技术抠出大熊猫.mp4
技术掌握	抠图技术的综合运用方法和技巧

本案例演示的是如何综合运用所学的抠图技术将复杂的大熊猫从背景中抠出来，原图和效果图如图4-125所示。

图4-125

思路分析 观察原图，可以看出大熊猫的毛发边缘与背景局部分离不太明显，因此抠图有一定的困难。另外，因为图中大熊猫正在啃竹子，所以拿着的竹子也需要一并抠出，这样元素才算完整。竹子边缘清晰，可以使用"钢笔工具"抠取，而对大熊猫的毛发部分采取的抠图方式明显不同。针对上述情况，需要采用多种不同的抠图方式分别将大熊猫和竹子抠出，再对毛发进行单独处理。

■ 操作步骤 ■

（1）在Photoshop中，打开"素材文件>CH04>大熊猫.jpg"文件，按Ctrl+J快捷键，复制图层，在新图层中使用"钢笔工具"将大熊猫所拿的竹子抠出。对竹子内部镂空的部分需要制作多个选区来完成抠取，如图4-126所示。

（2）为了方便观察抠图情况，在"背景"图层的上方建立一个纯色图层，如图4-127所示。

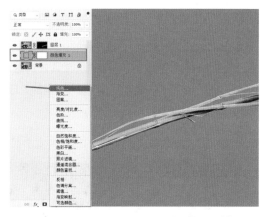

图4-126   图4-127

（3）复制"背景"图层，并将复制的图层拖曳到顶部，为大熊猫身体部分的抠取做准备，如图4-128所示。

（4）选择菜单栏中的"选择"→"主体"，自动为画面中的主体大熊猫建立选区，如图4-129所示。

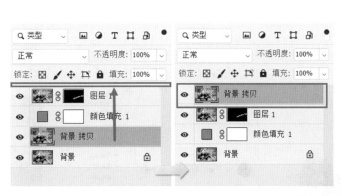

图4-128   图4-129

（5）观察选区发现，大熊猫的耳朵和部分肚子没有被识别，所以选择"快速选择工具"，在工具属性栏中单击 按钮（或在操作时按住Shift键，临时切换为添加选区的状态），将需要的身体部分添加到选区中，如图4-130所示。

图4-130

（6）对于大熊猫身体边缘多余的区域，在工具属性栏中单击 ■ 按钮（或在操作时按住Alt键，临时切换为减去选区的状态），将多余的选区减去，如图4-131所示。添加和减少选区也可以根据实际情况使用"魔棒工具""套索工具"等选区工具来完成。

（7）为该图层创建蒙版，完成大熊猫的大致抠图，如图4-132所示。为了观察抠图效果，在大熊猫图层下添加一个纯色图层。

图4-131

图4-132

（8）观察大熊猫的身体边缘可以发现，因为原背景色彩较复杂，对毛发的识别效果并不理想，如图4-133所示，所以需要进一步对毛发进行处理，使大熊猫的毛发边缘更加自然。

（9）选择"画笔工具"，在设置中选择"旧版画笔"，单击"确定"按钮，将"旧版画笔"添加进画笔预设列表，如图4-134所示。

图4-133

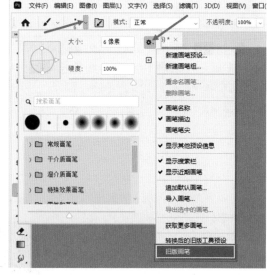

图4-134

（10）在"旧版画笔"画笔中找到"默认画笔"，从右侧下拉列表中选择"沙丘草"画笔，如图4-135所示，使用该画笔来模拟毛发边缘的效果。

（11）在"画笔设置"面板中，对画笔笔尖的"形状动态""散布"等进行调整，使画笔更加接近自然的毛发状态，如图4-136所示。

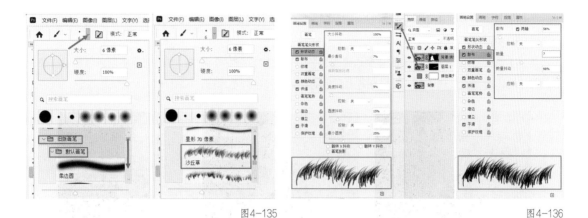

图4-135　　　　　　　　　　　　　　　　　　　　　　　　　　　　　　　　　图4-136

（12）选择"画笔笔尖形状"，便于在处理大熊猫身体边缘时随时对毛发的朝向进行调整，如图4-137所示。

（13）调整画笔的角度和大小，将图像放大后，在蒙版中使用黑色画笔在大熊猫身体边缘的内部进行涂抹，使边缘呈现出毛发状态，如图4-138所示。

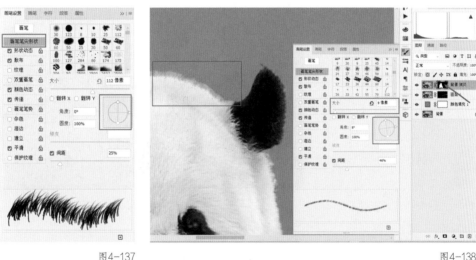

图4-137　　　　　　　　　　　　　　　　　　　　　　　　　　　　　　　　　图4-138

（14）在涂抹侧面或底部时，根据需要调整画笔角度，使毛发的朝向符合实际生长状态，如图4-139所示。如果看不清毛发的朝向，可以将画笔调大，在预览区中进行调整，调整完成后将画笔缩小到需要的大小，继续涂抹，以此类推，围绕大熊猫身体边缘进行处理。

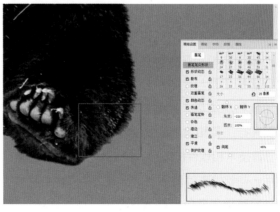

图4-139

（15）放大观察，由于是手动涂抹的，因此部分边缘可能存在瑕疵，如图4-140所示。这时便需要对边缘做进一步调整。

（16）选择"常规画笔"中的"柔边缘画笔"，对大熊猫毛发处涂抹过多的部分使用白色画笔在蒙版中进行涂抹，对毛发处理不到位且呈现背景颜色的部分用黑色画笔涂抹，如图4-141所示。

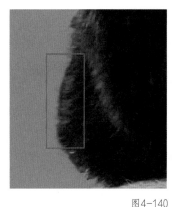 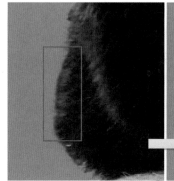 

图4-140

图4-141

（17）得到的效果如图4-142所示。

图4-142

当我们掌握各种抠图方法后就会发现，其实很多选区工具和功能具有重复性，应用环境也有些相似，这主要是因为Photoshop在不断地迭代时，新增了很多功能。这些新增功能通常比之前版本中的功能更加智能，但为了不影响用户体验，Adobe公司仍然保留了之前的一些选区功能。在实际抠图过程中，其实没有固定的标准操作，本书中的案例仅仅是为了说明这些工具与功能的使用方法和大致的应用环境，给初学者提供参考。在了解与掌握这些工具和功能后，读者不必按照书中案例的步骤进行操作，而需要根据自己的习惯与实际需要进行工具和功能的选择或搭配使用，只要抠图方法是快速、有效的，它就是好方法。

随着技术和软件的发展，涌现了不少抠图工具，在需要对数量较多的图片进行处理时，可以使用一些软件来辅助抠图，提高工作效率。例如，在Topaz Mask AI智能抠图软件中，只需要先粗略地用蓝色勾勒出画面中主体的边界，然后一键填充想删除的内容，再填充想保留的内容，便能计算出主体边界，完成对应选区的创建，如图4-143所示。

图4-143

第 5 章
溶图技术

本章导读

本章主要介绍进行后期合成的重要技能之———溶图技术。
溶图技术与上一章介绍的抠图技术是本书中最重要的内容。
在合成过程中，如果溶图不恰当，用于合成的素材便会与
画面整体格格不入，缺乏真实感。因此溶图是否恰当、合
理，直接决定最终合成作品的质量。本章将从透视关系、
层次关系、色调溶图、纹理溶图、光影关系、互动关系等
方面进行讲解，帮助读者掌握元素溶图的方法和技巧。

本章要点：

· 透视关系与层次关系；

· 色调溶图和纹理溶图的方法；

· 光影光系；

· 元素溶图技术的运用。

5.1 透视关系

在现实生活中，由于方位和距离不同，因此同样大小的物体在视觉上会产生不同的效果。图5-1所示的图片分别表示了一点透视、两点透视和三点透视这3种透视关系。在进行创意合成时，通常需要根据这3种透视关系来对合成元素进行调整。

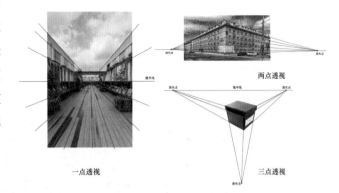

图5-1

图5-2所示为三点透视的箱子，在场景中叠放箱子素材时，需要对各方位的箱子进行透视关系分析，再根据透视情况进行调整。

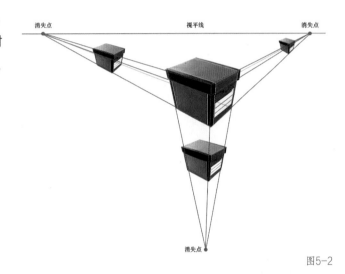

图5-2

只有符合透视关系的合成作品才符合现实场景中人眼看到的实际情况，正因为如此，在合成创作时，根据场景中的透视关系对合成素材进行恰当处理，能使作品更有立体感和真实感，如图5-3所示。

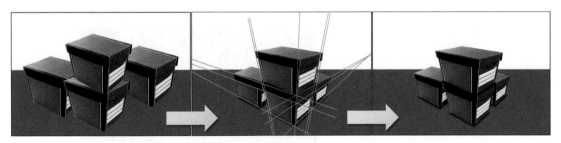

图5-3

案例：建筑墙面上的广告画

实例位置	实例文件>CH05>案例：建筑墙面上的广告画.psd
素材位置	素材文件>CH05>建筑.jpg、广告画.jpg
视频名称	在合成中处理好透视关系.mp4
技术掌握	合成中的透视关系的处理方法和技巧

本案例演示的是如何根据建筑场景中的透视关系，对合成素材进行调整，完成广告画素材的合成，原图和效果图如图5-4所示。

图5-4

思路分析 分析原图的建筑墙面，可以知道这是一张一点透视的照片，如图5-5所示，有很明显的透视关系，因此在对广告画进行合成时，需要根据广告画在墙面上的位置进行对应的透视调整。这里可以运用消失点滤镜来完成透视合成。当掌握透视后，也可以尝试直接使用"自由变换"功能来调整。

图5-5

操作步骤

（1）运用消失点滤镜进行合成。在Photoshop中，分别打开"素材文件>CH05>建筑.jpg"和"素材文件>CH05>广告画.jpg"两个文件，观察广告画合成位置的透视关系。选择"广告画.jpg"窗口，按Ctrl+A快捷键，全选图片，按Ctrl+C快捷键，复制图片，备用。回到打开的"建筑.jpg"窗口，新建一个空白图层，选择菜单栏中的"滤镜"→"消失点"（快捷键为Alt+Ctrl+V），打开"消失点"对话框，如图5-6所示。

（2）选择"创建平面工具" ⊞按钮，沿着建筑墙面的边缘绘制一个四边形，使四边形与建筑墙面的透视关系相匹配，调整完成后，四边形内会出现网格，如图5-7所示。如果有不满意的地方，可以拖曳4个角或4条边的中点做进一步调整。

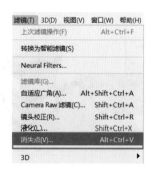

图5-6　　　　　　　　　　　　　　　　　　　　　　图5-7

（3）粘贴"广告画.jpg"，按快捷键T，改变图片大小，如图5-8所示。

（4）将广告画拖进网格框后，广告画会依据透视网格自动匹配透视关系，无论怎么移动广告画，透视关系都将保持不变，如图5-9所示。

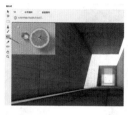

图5-8 图5-9

（5）将广告画的图层混合模式改为"叠加"，将墙面的纹理叠加到广告画中，使画面更加真实，如图5-10所示。也可以将"广告画.jpg"直接拖入"建筑.jpg"中，使用"自由变换工具"（快捷键为Ctrl+T）进行调整，在"建筑.jpg"中右击，在弹出的快捷菜单中选择"透视"，对角点进行调整（或按住Ctrl键调整），以建筑物墙面的边线为参考，手动调整透视关系，如图5-11所示。

图5-10 图5-11

> **小提示** 国画中使用的透视方式为散点透视，与本章介绍的透视关系存在差异，国画中主要通过浓淡和颜色来区分前后、远近等层次关系，因此在制作国画类的摄影合成作品时，可以不遵循本节所讲的透视关系。

5.2 层次关系

在合成时，除了近大远小的透视关系外，还应该处理好素材与素材之间、素材与场景之间的遮挡关系与层次关系。在处理层次关系时，常利用遮挡、虚化、柔光等效果使素材更好地融入画面中，增强作品的整体效果，使作品具有真实感和立体感。图5-12所示的图片分别运用遮挡、虚化和柔光效果营造了远近与层次关系。

图5-12

案例：城市中的大熊猫

实例位置	实例文件>CH05>案例：城市中的大熊猫.psd
素材位置	素材文件>CH05>城市.jpg、大熊猫2.png
视频名称	在合成中处理好层次关系和遮挡关系.mp4
技术掌握	在合成中处理层次关系和遮挡关系的方法和技巧

　　本案例演示的是如何通过调整场景的前后遮挡关系，将大熊猫融入城市场景中，原图和效果图如图5-13所示。

思路分析 分析场景素材可知，在城市场景中有高低不同的楼房，在合成时，为了使大熊猫更好地融入场景，应该处理好场景中的层次关系与遮挡关系，使大熊猫前方的楼房显现出来，而大熊猫背后的楼房被遮挡。

图5-13

■ 操作步骤 ■

（1）在Photoshop中，打开"素材文件>CH05>城市.jpg"文件，将"素材文件>CH05>大熊猫2.png"素材拖入城市场景中，按照需求对其大小和位置进行调整。为了方便后续操作，将"图层1"的"不透明度"降低到40%左右，效果如图5-14所示。

（2）在当前图层的上方建立一个空白图层，根据大熊猫的位置，分析出应出现在大熊猫前方的楼房，在空白图层上用"画笔工具"将它们大致标注出来，标注时只需标注楼房与大熊猫有遮挡关系的局部即可，如图5-15所示。标注是为了方便下一步抠图。

（3）为了不干扰抠图，隐藏"图层1"，降低步骤（2）中建立的标注图层的"不透明度"为20%左右。根据标注情况，使用"钢笔工具"为大熊猫前方的楼房制作选区，效果如图5-16所示。抠图期间可以反复打开"图层1"，查看遮挡关系，不相关的部分可以粗略绘制，但有红色标注的地方表示与大熊猫有接触，所以绘制选区时要格外仔细。

图5-14 图5-15 图5-16

（4）隐藏标注图层，保持当前选区不变，显示"图层1"，恢复其"不透明度"为100%，选择"图层1"，在按住Alt键的同时单击"图层"面板下方的 ◻ 按钮，创建反相蒙版，使大熊猫前方的楼房显示出来，呈现出场景中的层次关系，如图5-17所示。

（5）放大大熊猫前方的楼房局部，针对楼体中的镂空部分，使用"钢笔工具"制作选区，在"图层1"的蒙版中将其填充为白色，使楼房的镂空部分显示出来。根据实际需要，重复此操作，也可以使用白色画笔在蒙版中涂抹，完成调整，如图5-18所示。

图5-17 图5-18

（6）按照后面将会讲到的光影关系、互动关系等进行处理（例如，对于场景中存在反光面的楼体，根据大熊猫和竹子的位置，在反光面中制作倒影），按Alt+Shift+Ctrl+E快捷键，盖印图层，对整体进行调色，完成全部合成操作，效果如图5-19所示。

图5-19

5.3 色调溶图

当需要将在不同环境中拍摄的素材合成到一幅作品中时，经常会遇到各素材的颜色和明度不匹配的情况。如果不对素材进行色调调整，则会出现素材与场景分离的情况，造成合成痕迹明显。调整色调前后的合成作品如图5-20所示。色调溶图技术在后期合成中至关重要，因此本节将介绍几种有效的溶图方法。

图5-20

5.3.1 曲线溶图

曲线溶图通过"曲线"图层，分别对"红""绿""蓝"3个通道的曲线进行调整，使素材与场景的色调一致。

案例：曲线溶图——将人物融入场景

实例位置	实例文件>CH05>案例：曲线溶图——将人物融入场景.psd
素材位置	素材文件>CH05>人物.png、场景1.jpg
视频名称	曲线溶图——将人物融入场景.mp4
技术掌握	合成中的溶图方法和技巧

本案例将演示如何运用曲线调整人物素材的色调，使人物素材融入场景中，色调调整前后的效果如图5-21所示。

图5-21

思路分析 在进行后期合成时，将抠好的人物素材放入场景后，就会发现人物素材与场景的亮度和色彩差别都较大，难以融入其中，缺乏真实感，而曲线恰好能对素材的色彩和亮度进行调整，因此可以用于简单的溶图调整。

操作步骤

（1）在Photoshop中，打开"素材文件>CH05>场景1.jpg"文件，将"素材文件>CH05>人物.png"素材（即抠好的人物素材）放入其中，按Ctrl+T快捷键，调整素材大小，使素材符合场景大小与透视关系。明显可以看出，人物与场景的合成不太理想，没有真实感，如图5-22所示，所以需要进行溶图处理。

（2）在"图层1"图层上方建立"曲线1"图层并创建剪贴蒙版，使"曲线1"图层的调整效果仅作用于"图层1"，如图5-23所示。

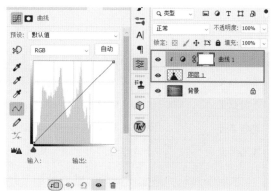

图5-22　　　　　　　　　　　　　　　　　　　　　　　图5-23

（3）根据场景色调，按需分别对"RGB""红""绿""蓝"通道进行调整，在"RGB"通道中调整整体的明暗程度，在"红""绿""蓝"通道中根据色彩原理进行适当调整。例如，若场景中暗部偏蓝色，就提高"蓝"通道的暗部曲线，若场景中高光偏品红色，就降低"绿"通道的亮部曲线，如图5-24所示，效果如图5-25所示。

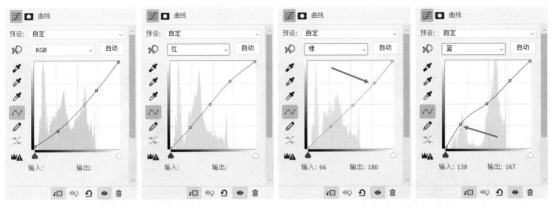

图5-24

此方法需要读者掌握色彩调整原理并具备一定的色彩观察能力，虽然效果不够精细，但非常适合进行快速、粗略的溶图调整。

该方法涉及的步骤较少，掌握后能够在后期合成中快速地完成简单溶图，提高溶图效率。

图5-25

5.3.2 渐变映射溶图

"渐变映射"功能可以确定图片中从暗部到亮部的色彩。如果分析场景中从暗部到亮部的色彩，通过"渐变映射"功能将从暗部到亮部的色彩分别应用到素材中，就能实现溶图的效果。

案例：渐变映射溶图——将人物融入场景

实例位置	实例文件>CH05>案例：渐变映射——将人物融入场景.psd
素材位置	素材文件>CH05>人物.png、场景2.jpg
视频名称	渐变映射溶图——将人物融入场景.mp4
技术掌握	合成中的溶图方法和技巧

本案例演示的是如何运用"渐变映射"功能对素材进行色调调整，使其融入场景中，色调调整前后的效果如图5-26所示。

思路分析 场景的色调与素材的色调存在差异，素材难以融入场景中，只需要通过"渐变映射"使素材与场景的暗调、中间调和亮调的色彩保持一致，便能使素材很好地融入场景中。

图5-26

操作步骤

（1）在Photoshop中，打开"素材文件>CH05>场景2.jpg"文件，将"素材文件>CH05>人物.png"素材（即抠好的人物素材）放入其中，调整素材大小，使素材符合场景大小与透视关系，如图5-27所示。

（2）在"人物"图层上方新建"渐变映射1"图层，创建剪贴蒙版，使"渐变映射"功能仅作用于"人物"图层，如图5-28所示。

图5-27   图5-28

（3）选择"渐变映射1"图层（注意，不要选中蒙版，在Photoshop中默认会选中蒙版），在"属性"面板中单击渐变色条，弹出"渐变编辑器"对话框，如图5-29所示。

图5-29

113

（4）选择渐变色条下方最左边的滑块，用吸管吸取"背景"图层中最暗部分的色彩，如图5-30所示。

（5）选择渐变色条下方最右边的滑块，用吸管吸取"背景"图层中最亮部分的色彩，如图5-31所示。

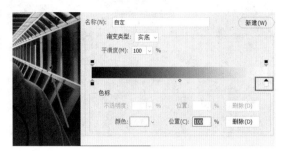

图5-30

图5-31

（6）根据背景色调的情况，在渐变色条下方适当的位置单击，创建新的点，并用吸管吸取背景中对应中间调的颜色，注意，创建的点和吸取的颜色需要从暗到亮逐渐变化，最左边的点色彩最暗，最右边的点色彩最亮，如图5-32所示。

（7）根据背景明暗情况，拖曳滑块，调整暗部和亮部的比例，如图5-33所示。调整完成后，单击"确定"按钮。

（8）观察人物与场景，进一步调整"渐变映射1"图层的不透明度来改善溶图效果，如图5-34所示。

图5-32

图5-33

图5-34

5.3.3 匹配颜色溶图

"匹配颜色"功能能够自动对需要适配的背景进行色调分析、计算，并将色调计算结果应用到待匹配的素材中，使两者匹配，因此该功能也可以用来实现溶图效果。

案例：匹配颜色溶图——将人物融入场景

实例位置	实例文件>CH05>案例：匹配颜色溶图——将人物融入场景.psd
素材位置	素材文件>CH05>人物.png、场景2.jpg
视频名称	匹配颜色溶图——将人物融入场景.mp4
技术掌握	合成中的溶图方法和技巧

本案例演示的是如何运用"匹配颜色"功能对素材进行色调调整，使其融入场景中，色调调整前后的效果如图5-35所示。

图5-35

思路分析 场景的色调与素材的色调存在差异，素材难以融入场景中，以场景色调为基础，尝试使用"匹配颜色"功能，将素材融入场景中。

■ 操作步骤

（1）在Photoshop中，打开"素材文件>CH05>场景2.jpg"文件，将"素材文件>CH05>人物.png"素材（即抠好的人物素材）放入其中，调整素材大小，使素材符合场景大小与透视关系，如图5-36所示。

（2）选择"图层1"，选择菜单栏中的"图像"→"调整"→"匹配颜色"，如图5-37所示，打开"匹配颜色"对话框。

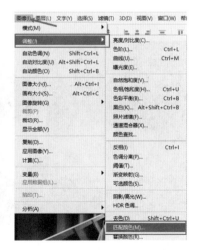

图5-36   图5-37

（3）从"源"下拉列表中选择"场景.jpg"，也就是当前正在处理的文件，从"图层"下拉列表中选择"背景"图层，如图5-38所示。

（4）勾选"预览"复选框，根据人物的颜色匹配情况，调整"图像选项"选项组中的"明亮度""颜色强度""渐隐"，单击"确定"按钮，完成颜色匹配，如图5-39所示。

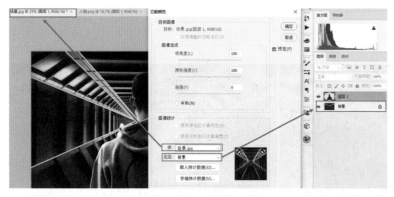 

图5-38　　　　　　　　　　　　　　　　　　　图5-39

5.3.4　运用"叠加"混合模式溶图

运用"叠加"混合模式能够将背景中的颜色和亮度叠加到素材上。该模式适合应用在明暗和色调整体较统一或均匀的溶图环境中，具有操作方便、快速等特点。

案例："叠加"混合模式溶图——将人物融入场景

实例位置	实例文件>CH05>案例："叠加"混合模式溶图——将人物融入场景.psd
素材位置	素材文件>CH05>人物.png、场景3.jpg
视频名称	"叠加"混合模式溶图——将人物融入场景.mp4
技术掌握	合成中的溶图方法和技巧

本案例演示的是如何运用"叠加"混合模式对素材进行溶图，色调调整前后的效果如图5-40所示。

图5-40

思路分析　当场景中的色调整体较统一时，使用"叠加"混合模式能快速对素材进行溶图。

操作步骤

（1）在Photoshop中，打开"素材文件>CH05>场景3.jpg"文件，将"素材文件>CH05>人物.png"素材（即抠好的人物素材）放入其中，调整素材大小，使素材符合场景大小与透视关系，如图5 41所示。

（2）隐藏"人物"图层，选择"背景"图层，用"矩形选框工具"选择"背景"图层中最能代表背景明度和色调的局部（左上角），如图5-42所示。

图5-41

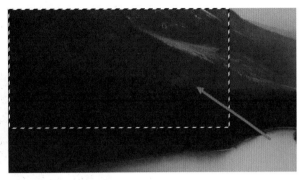

图5-42

（3）复制该局部，选择菜单栏中的"滤镜"→"模糊"→"高斯模糊"，在"高斯模糊"对话框中，增大"半径"，直到图片纹理完全消除为止，如图5-43所示，单击"确定"按钮，得到一个没有纹理但色调与背景相似的色块。该步骤主要用于消除场景中的纹理，为溶图做准备。

（4）显示"人物"图层，将"图层1"拖曳到"人物"图层的上方，调整该图层的大小和位置，使其完全覆盖人物素材，如图5-44所示。

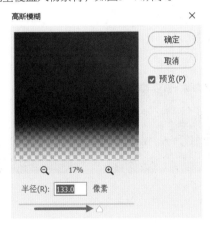

图5-43

图5-44

（5）按住Alt键，单击"图层1"与"人物"图层之间的界线，创建模糊色块图层剪贴蒙版，使该模糊图层（"图层1"）只作用于人物素材，如图5-45所示。

图5-45

（6）将"图层1"的混合模式改为"叠加"，并根据实际需要调整"不透明度"，完成溶图，如图5-46所示。在对环境色彩比较单一的图片进行处理时，也可以先直接使用"画笔工具"吸取主要环境色彩，然后在空白图层中使用剪贴蒙版直接对人物上色，最后更改混合模式为"叠加"，完成溶图。

除此之外，还可以根据实际场景选择其他混合模式来进行溶图。例如，当场景中存在灯光色彩时，可以用"画笔工具"吸取灯光色彩，在人物图层上方创建空白图层后，对人物局部上色，再运用"柔光"混合模式制造出光感，进一步溶图，如图5-47所示。

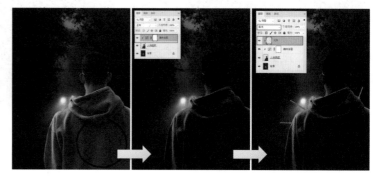

图5-46 图5-47

另外，还可以运用"颜色"混合模式来完成溶图，如图5-48所示。

图5-48

小技巧 当对人物素材进行溶图时，有时会遇到人物素材有大面积皮肤的情况，如果在溶图前不加以保护，溶图后皮肤会严重变色，如图5-49所示。

图5-49

图5-50

小技巧 为了避免在溶图过程中对肤色造成影响，可以先将人物肤色提取出来单独保存，再进行溶图操作。在Photoshop中，从菜单栏中选择"选择"→"色彩范围"，在"色彩范围"对话框中，从"选择"下拉列表中选择"肤色"，自动分析肤色部分，根据实际情况，调整"颜色容差"，如图5-50所示。

单击"确定"按钮，生成肤色选区，先使用"套索工具"将不是皮肤的选区减去，然后将肤色选区复制到新图层中，把人物素材的肤色单独提取并保存。可以暂时将该图层隐藏，再进行溶图操作，溶图完成后才显示出来，并将该图层拖曳到最上方，根据实际情况，调整"不透明度"，以还原人物正常肤色，调整前后的效果如图5-51所示。

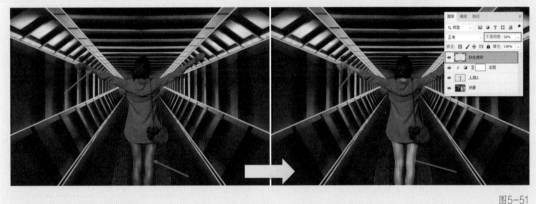

图5-51

截至目前，本章已经介绍了4种溶图方法，它们各有各的特点，只要不断练习就能在实际操作中灵活应用。有没有能够适应所有场景并且效果又不错的溶图方法呢？

答案是肯定的，但这些方法通常较复杂，因此这里仅介绍一种，只要掌握和理解了其原理，在后期溶图过程中就能轻松掌握更多的溶图方法。

5.3.5 明暗与色彩分步溶图

明暗与色彩分步溶图其实就是对素材的明暗和色彩分步进行调整，使其与环境相符。这种调整方式的优势在于：调整过程中明暗与色彩互不干扰，因此调整效果更加精细，细节处理更加到位，且成片整体效果更好。该方法几乎适用于所有的溶图场景。

案例：明暗与色彩分步溶图——将人物融入场景

实例位置	实例文件>CH05>案例：明暗与色彩分步溶图——将人物融入场景.psd
素材位置	素材文件>CH05>小女孩.png、场景4.jpg
视频名称	明暗与色彩分步溶图——将人物融入场景.mp4
技术掌握	合成中的溶图方法和技巧

本案例演示的是如何用明暗与色彩分步溶图，使素材与环境相符，溶图前后的效果如

图5-52所示。

图5-52

思路分析 通过建立黑白观察层的方式排除色彩的干扰，单独对人物素材的亮度进行调整；亮度调整完成后，关闭黑白观察层，对人物素材的色彩进行调整，通过这种分步的方法便能对人物素材进行溶图。

操作步骤

（1）打开"素材文件>CH05>场景4.jpg"文件，将"素材文件>CH05>小女孩.png"素材（即抠好的人物素材）放入其中，调整素材大小，使素材符合场景大小与透视关系，在"图层"面板最上方建立"黑白1"图层，将该图层重命名为"黑白观察层"，如图5-53所示。当图片变为黑白图片后，排除了颜色信息，其明暗关系就会更加直观。

图5-53

（2）在"图层1"的上方建立"曲线1"图层，将其重命名为"亮部曲线"并创建剪贴蒙版，使亮部曲线仅作用于"图层1"。仔细观察并分析人物素材与场景的明暗差别，依照"图层1"应该处于最亮的位置，调整曲线，如图5-54所示，使之与场景相符。

（3）将"亮部曲线"图层的蒙版反相为黑色，用"硬度"为0%的白色柔边缘画笔涂抹需要变亮的局部，特别是光线照射到的地方和裙摆透光的地方，涂抹时可以根据光线照射的实际情况，调整画笔的不透明度，如图5-55所示。

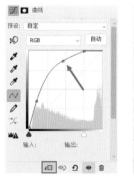

图5-54

图5-55

（4）用同样的方法建立"暗部曲线"图层来调整暗部，创建剪贴蒙版，使暗部曲线仅作用于"图层1"。在调整曲线时，以"图层1"中应处于暗部的亮度作为参考调暗画面，反相蒙版，用"硬度"为0%的白色柔边缘画笔涂抹需要变暗的局部，如图5-56所示。至此完成素材明暗的调整。

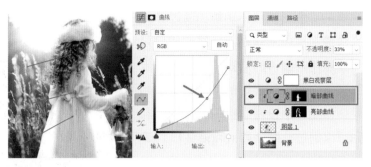

图5-56

（5）对素材的色彩进行调整。关闭"黑白观察层"，使图像恢复为彩色图像。按照自己的习惯，创建"色调曲线"图层，对"图层1"进行色彩调整，使"图层1"的色彩与环境符合（也可以使用"色彩平衡""色相/饱和度"等功能进行调整，当然，还可以使用前面讲的溶图方法），如图5-57所示。

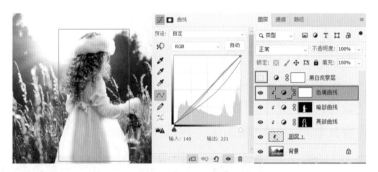

图5-57

（6）根据需要，通过亮部曲线、暗部曲线及蒙版，再次对不满意的光影关系等进行处理和完善，完成溶图。另外，还可以按Alt+Shift+Ctrl+E快捷键将所有可见图层盖印为一层，选择Nik Collection中Color Efex Pro 4的"阳光滤镜"，进行最后的润色调整，如图5-58所示。Nik Collection滤镜插件需要单独下载并安装。

图5-58

当我们看到非常喜欢的照片色调时，可以采用溶图技术来实现对优秀作品的仿色。另外，在进行组图创作时，如果同组作品的色调差异太大，就会影响组图的整体效果，可以通过所学溶图技术对整组照片的色调进行统一。

如果当前使用的是Photoshop 2022之后的版本，也可以借助其新增的Neural Filters

滤镜的"色彩转移"功能，通过计算来快速实现色彩转移。转移完成后只需要运用前面讲的溶图方法做进一步微调，便能达到很好的溶图效果。如果Photoshop没有"色彩转移"功能，则可以通过安装诸如Image 2 LUT等色调调整滤镜插件来完成色调的匹配调整。Image 2 LUT插件能通过计算将一张图片上的色调完美地匹配到另一张图片中，如图5-59所示。

图5-59

5.4 纹理溶图

在现实世界中，当把文字、图案等涂写在具有纹理的材质上时，文字和图案也将具有材质的纹理，因此在合成作品时也需要注意对纹理细节的溶图处理。在图5-60中，通过对比效果不难发现，使用纹理溶图技术使牛仔裤上的图画、锈迹斑斑的涂鸦更具真实感。

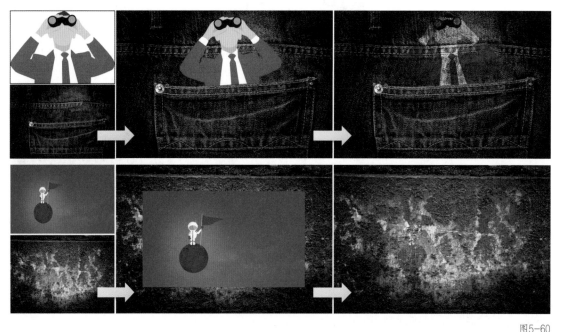

图5-60

5.4.1 运用"叠加"混合模式完成纹理溶图

当运用"叠加"混合模式进行纹理溶图时，操作简单、步骤少，不需要手动调节。该模式能适应大多数纹理溶图的场景，是纹理处理中较常用的模式。

案例：运用"叠加"混合模式处理好涂鸦的纹理

实例位置	实例文件>CH05>案例：墙上的涂鸦.psd
素材位置	素材文件>CH05>墙壁.jpg、涂鸦.jpg
视频名称	在合成中运用"叠加"混合模式处理好涂鸦的纹理.mp4
技术掌握	合成中纹理溶图的方法和技巧

本案例演示的是如何通过"叠加"混合模式完成纹理的溶图，使墙上的涂鸦更具真实感，溶图前后的效果如图5-61所示。

图5-61

思路分析 如果直接将涂鸦图片放置到墙壁上，则它很难融入墙壁，即使改变不透明度，也达不到理想的效果，因此可以运用"叠加"混合模式的特性来使下方图层的纹理叠加到图片中，使涂鸦与墙壁完美融合。

■ 操作步骤

（1）在Photoshop中，打开"素材文件>CH05>墙壁.jpg"文件，将"素材文件>CH05>涂鸦.jpg"素材放入其中，调整素材大小，如图5-62所示。

（2）将"图层1"的混合模式改为"叠加"，并根据实际情况调整"不透明度"，完成纹理的合成，如图5-63所示。在处理其他图片纹理溶图时，也可以根据实际情况将混合模式更改为"强光""亮光""线性光"等。

图5-62   图5-63

5.4.2 运用"混合颜色带"功能完成纹理溶图

虽然运用"图层样式"对话框中的"混合颜色带"功能进行纹理溶图操作的步骤相比"叠加"混合模式的稍多，但"混合颜色带"功能更适用于纹理较深的场景，溶图时可以根据需要手动调节和控制混合强度与效果。

案例：运用"混合颜色带"功能处理好文字的纹理

实例位置	实例文件>CH05>案例：集装箱上的文字.psd
素材位置	素材文件>CH05>集装箱.jpg
视频名称	在合成中运用"混合颜色带"功能处理好文字的纹理.mp4
技术掌握	合成中纹理溶图的方法和技巧

本案例演示的是如何通过"混合颜色带"功能完成纹理溶图，溶图前后的效果如图5-64所示。

图5-64

思路分析 如果在新图层中直接将所需文字覆盖在集装箱上，文字很难有印刷在箱体上的效果，此外，由于集装箱的纹理沟壑较深，使用"叠加"混合模式进行溶图的效果也并不理想，因此可以通过调节"混合颜色带"进行纹理溶图，将集装箱的纹理完美混合到文字中。

操作步骤

（1）在Photoshop中，打开"素材文件>CH05>集装箱.jpg"文件，使用"横排文字工具"（快捷键为T）输入需要印在集装箱上的文字，并根据实际需要调整字体样式，如图5-65所示。

（2）双击文字图层的空白处，进入"图层样式"对话框，调节"混合颜色带"为"灰色"，如图5-66所示。

图5-65

图5-66

（3）将"下一图层"下方的黑色滑块往右拖曳，拖曳到合适位置后，在按住Alt键的同时，单击黑色滑块将它拆分，继续拖曳，使下方图层的纹理与文字混合，如图5-67所示。

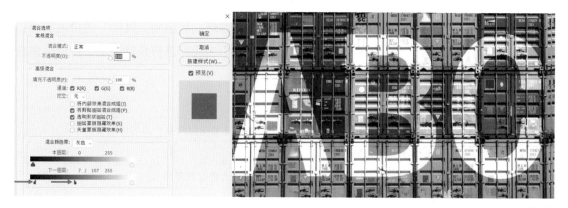

图5-67

前面通过两种方法实现了图案和文字的纹理溶图，但它们均应用在平面化的场景中，而在实际操作中，遇到的情况可能更加复杂，这就需要结合所学知识对图案或文字进行调整，使其符合实际场景的要求。在较简单的曲面墙壁场景下，可以通过分析墙壁的形状和透视关系，运用"自由变换工具"对图案进行简单的透视变形，使图案符合场景的实际形状和透视关系后，再进行纹理溶图，如图5-68所示。

图5-68

继续将难度升级，当需要将图案叠加到图5-69所示的起伏较大、扭曲复杂的褶皱布料上时，如果使用"自由变换工具"对图案进行手动变形，操作将变得非常困难。

在5.4.3节中，将运用"置换"滤镜来解决这个问题。

图5-69

5.4.3 运用"置换"滤镜完成扭曲布料上的纹理溶图

在进行纹理溶图时，可能会遇到褶皱较明显的材质，如果直接按照前面所学的方法进行纹理溶图，图案并不会随褶皱扭曲，最后的溶图效果并不理想。而运用"置换"滤镜能够通过计算自动匹配扭曲效果，所以在使用"置换"滤镜进行扭曲后再进行纹理溶图，就能使融合效果更加真实。

案例：运用"置换"滤镜完成扭曲布料上的纹理溶图

实例位置	实例文件>CH05>案例：运用"置换"滤镜完成扭曲布料上的纹理溶图.psd
素材位置	素材文件>CH05>布料.jpg、图案.jpg
视频名称	在合成中运用"置换"滤镜完成扭曲布料上的纹理溶图.mp4
技术掌握	合成中纹理溶图的方法和技巧

本案例演示的是如何先运用"置换"滤镜完成扭曲再对图案进行纹理溶图，溶图前后的效果如图5-70所示。

> **思路分析** 需要进行溶图的布料存在起伏较大的褶皱，如果直接运用前面的方法进行纹理溶图，图案并不会根据褶皱发生相应变化，溶图效果不太理想。因此，需要先将布料的褶皱应用到图案上，再进行纹理溶图。

图5-70

■ 操作步骤 ■

（1）在Photoshop中，打开"素材文件>CH05>布料.jpg"文件，复制"背景"图层，选择复制的图层，选择菜单栏中的"图像"→"调整"→"去色"（快捷键为Shift+Ctrl+U），如图5-71所示，使布料图去色，避免给褶皱计算造成干扰。

反相(I)	Ctrl+I
色调分离(P)...	
阈值(T)...	
渐变映射(G)...	
可选颜色(S)...	
阴影/高光(W)...	
HDR 色调...	
去色(D)	Shift+Ctrl+U
匹配颜色(M)...	
替换颜色(R)...	
色调均化(Q)	

图5-71

（2）按Ctrl+S快捷键，将布料图片保存为默认的PSD格式文件，为扭曲图案做准备，如图5-72所示。

（3）关闭步骤（1）中被去色的图层，将"素材文件>CH05>图案.jpg"素材放入其中，调整素材大小。选择需要溶图的图案图层，选择菜单栏中的"滤镜"→"扭曲"→"置换"，如图5-73所示。

图5-72

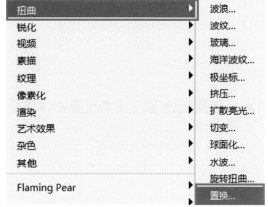

图5-73

（4）在弹出的"置换"对话框中，根据实际情况，设置"水平比例"和"垂直比例"，这里它们均设置为50，单击"确定"按钮，会弹出"选取一个置换图"对话框。这里选择步骤（2）中保存的"褶皱.psd"文件，单击"打开"按钮，Photoshop会自动进行计算，将图案扭曲为布料的褶皱效果，如图5-74所示。

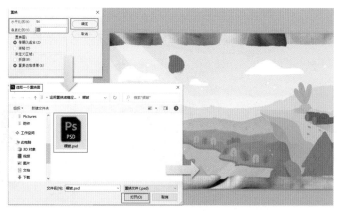

图5-74

（5）根据实际情况，可选择"柔光""强光""线性光"混合模式并适当调整"不透明度"来完成纹理溶图。这里选用了"柔光"混合模式，所以颜色较淡，可以对图案图层进行复制，以加深合成后图案的色彩，如图5-75所示。

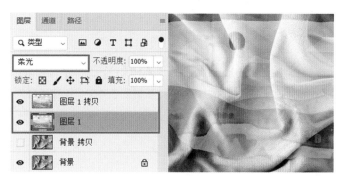

图5-75

127

小提示 "置换"滤镜要求图片的每个像素必须用8位表示，如果在进行上述操作时出现图5-76所示的提示对话框，可以选择菜单栏中的"图像"→"模式"，将图像切换为"8位/通道"，再应用"置换"滤镜。

图5-76

5.4.4 运用纹理溶图技术改变物体材质

掌握了纹理溶图的方法后，只需要对操作步骤稍加改变，就可以将需要的纹理叠加到其他物体上，以达到改变物体的材质的目的。

案例：运用纹理溶图技术改变物体材质

实例位置	实例文件>CH05>案例：运用纹理溶图技术改变物体材质.psd
素材位置	素材文件>CH05>纸箱.jpg、水泥纹理.jpg
视频名称	运用纹理溶图技术改变物体材质.mp4
技术掌握	合成中纹理溶图的方法和技巧

本案例演示的是如何运用纹理溶图技术改变物体材质，溶图前后的效果如图5-77所示。

图5-77

思路分析 物体表面的纹理影响着我们对物体材质的判断，当需要改变物体的材质时，只需要将对应材质的纹理叠加到物体表面即可。

■ 操作步骤

（1）在Photoshop中，打开"素材文件>CH05>纸箱.jpg"文件，将"素材文件>CH05>水泥纹理.jpg"素材放入其中，调整素材大小，使素材完全覆盖纸箱，如图5-78所示。

图5-78

（2）按住Alt键并在"水泥纹理"图层和"纸箱"图层之间单击，将"水泥纹理"图层创建为剪贴蒙版，使纹理只作用于"纸箱"图层，如图5-79所示。

（3）将"水泥纹理"图层的混合模式改为"叠加"，完成初步纹理合成，如图5-80所示。虽然纹理叠加上去了，但仍然没有达到理想的效果。

图5-79

图5-80

（4）复制"水泥纹理"图层，将副本重命名为"水泥颜色"，为其创建剪贴蒙版，将混合模式改为"颜色"，这样纸箱便显示为水泥墙的颜色，效果更加逼真，如图5-81所示。

（5）根据需要，新建"曲线1"图层并进行调整，如图5-82所示，完成物体材质的更改。

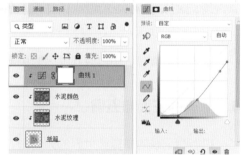

图5-81

图5-82

小技巧　纹理溶图技术还常用于改变物体的新旧程度，如图5-83所示，通过叠加生锈的纹理，使汽车变得破旧不堪。

图5-83

129

5.5 光影关系

在合成中，除了色调溶图外，光影关系的处理也非常重要。确定画面光源的位置、角度、强度后，就需要对场景中所有元素的光照情况进行调整。在图5-84中，场景的主光源位于画面上方，场景中的云层、山峦等原有物体受到的光照均来自该方向，所以可以不用调整，但合成所用的素材（纸船）有所不同。在左图中，还没有对纸船进行光影关系调整，即使完成了透视关系和遮挡关系的调整，也没有真实感，画面的合成痕迹明显；而在右图中，针对场景的光源和方向等，对纸船进行了光影关系的调整，完成度更高，后期合成质量更好。

图5-84

本节将着重分析和讲解几种光影关系的处理，有助于读者应对合成中的各种光线环境。

5.5.1 光的三面与五调

摄影时记录的是真实世界的光与影，所以只需要观察和拍摄即可。但要在后期修图与合成时处理好光影关系，就必须先搞清楚素描中的"三面五调"的概念，以此为依据进行后期处理，才能增强作品的立体感和真实感。

用Photoshop绘制一个圆形，填充为灰色，因为没有光线变化，所以这个圆形毫无立体感，如图5-85所示。

假设在画面的右上方有一个光源，使用"加深工具"与"减淡工具"使受光的一面变亮，侧受光的一面变灰，背光的一面变暗，圆形马上就会变为一个球体，且球体的明暗对比越强，其立体感就越强，如图5-86所示。

继续将环境因素考虑在内，右上方的光源照射圆形使圆形在桌面上形成投影。而背光的一面受桌面的影响出现轻微的反光。受光面与背光面的交界处既不受光源的照射，又不受反光的影响，因此出现一个明暗交界区域。通过处理这些环境因素的细节，该圆形就会变得更加立体且真实，就像现实中摆在桌面上的一个球体，如图5-87所示。

图5-85   图5-86   图5-87

在上述案例中，先增加了圆形的亮面、灰面、暗面，使二维平面中的圆形看起来具有立体感，变成球体，又根据圆形所处环境增加和调整投影、反光和明暗分界线等层次，使球体更加立体、真实，这就是素描中的"三面五调"。"三面"即物体受光后分成的3个明暗区域，分别是亮面、灰面和暗面。"五调"即由于与环境的相互作用，物体呈现出更加丰富的明暗层次，分别是高光、灰部、明暗交界区域、反光与投影，如图5-88所示。

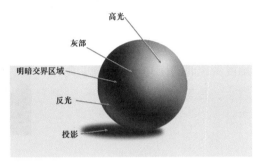

图5-88

5.5.2 光线与阴影的关系

光源的强度与发光面积直接决定着阴影的情况。在晴天，光线强烈，太阳作为点光源，使阴影的明暗对比强烈，形状和边缘清晰；在阴天，云层像一个巨大的柔光箱把太阳笼罩着，光线变弱的同时变得柔和，阴影也变得柔和，其边界模糊扩散，如图5-89所示。

图5-89

因此在进行合成时，如果场景中存在强光和点光源，需要特别注意光影关系的处理，相比之下，柔和的光线处理起来会容易得多。

确定光源位置是调整和处理光影关系的第一步，因为除了阴影的强弱外，光线还影响着阴影的方向和长短，这些在后期合成时都要考虑。在强烈的点光源下，当光源处于物体正上方时，投影在物体的正下方，投影很短，如图5-90所示。

图5-90

当光源处于物体左侧时，投影会出现在物体的右侧，并随着光源角度变化而变化，光源照射的角度越小，投影就会越长，如图5-91所示。

图5-91

当光源处于物体后方的时候，投影则会出现在画面的近端，光线的角度影响着投影的长短，如图5-92所示。

图5-92

除了光与影之间的密切联系外，投影还会受到物体本身的影响。例如，物体的造型直接影响着投影的造型，如图5-93所示。

图5-93

而物体的颜色由于反光也可能影响影子的颜色，这在白色背景上尤其明显，如图5-94所示。

图5-94

当物体的材质是透明或半透明的时，其透光性也会直接影响投影的造型，如图5-95所示。

图5-95

所以光源和投影的强弱、方向、长短及物体的形状、材质、颜色都有着密切的联系。在制作投影时，首先需要确定光源是强光源还是弱光源，是点光源还是面光源，从而确定投影的状态是清晰还是柔和，再根据光源角度确定投影位置和长短，最后根据物体本身的轮廓、颜色、材质和所处的环境进行更加细微的处理。

案例：球形飞船

实例位置	实例文件>CH05>案例：处理好合成中的光影关系.psd
素材位置	素材文件>CH05>道路场景.jpg、球形飞船.png
视频名称	在合成中处理好光影关系.mp4
技术掌握	合成中光影关系处理的方法和技巧

本案例演示的是如何对合成中的光影关系进行处理，原图和效果图如图5-96所示。

图5-96

思路分析　场景中的光源为左边的太阳，太阳属于强点光源，光源照射的角度较小，因此投影应该边缘清晰且较长，投影造型应该为拉伸的球形；物体不包含透明或半透明材质，路面不会有太强烈的反光，物体颜色较淡，不会对投影的造型和色彩产生太大影响。综上，在对素材进行光影调整时，注意光影位置就能达到比较理想的合成效果。

■ 操作步骤 ■

（1）在Photoshop中，打开"素材文件>CH05>道路场景.jpg"文件，将"素材文件>CH05>球形飞船.png"素材放入其中，调整素材位置和大小。通过观察分析可知，红色箭头表示当前场景中的光源方向，而绿色箭头表示"球形飞船.png"素材原本的光源方向，如图5-97所示。由于素材受光方向与场景中的光照方向不一致，因此先对素材的受光方向进行调整。

（2）按住Ctrl键并单击"图层"面板中的球形飞船缩略图，获得对应选区，单击按钮，在"球形飞船"图层上方建立一个新的空白图层，如图5-98所示。

图5-97

图5-98

（3）保持球形飞船选区不变，选择"渐变工具"，在新图层中使用"基础"中的"径向渐变"沿着光源方向绘制出新的光影，如图5-99所示。

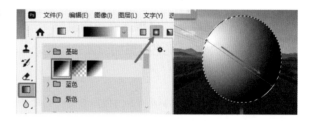

图5-99

（4）将当前图层的混合模式改为"强光"，使新的光影覆盖到球形飞船上，从而改变光源方向，使素材的光影效果符合场景中的光源方向，如图5-100所示。

图5-100

（5）随着光影方向的改变，球形飞船的电子屏幕的阴影也发生了改变，原本凹陷的电子屏幕变得平面化了，因此使用"矩形选框工具"制作选区，创建蒙版并填充为黑色，将电子屏幕的凹陷效果还原，如图5-101所示。

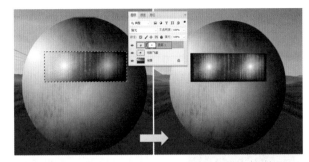

图5-101

（6）新的光影覆盖效果还不够强烈，直接选中带蒙版的新光影图层，即"图层1"，复制该图层，增强其效果，但复制后的效果太过强烈，因此设置复制图层的"不透明度"为60%，完成对素材受光面光影效果的修改，如图5-102所示。

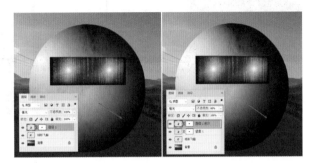

图5-102

（7）制作球形飞船的投影，新建空白图层，使用步骤（2）中的方法获得球形飞船选区，在新空白图层中将选区填充为黑色，如图5-103所示。

图5-103

（8）按Ctrl+D快捷键，取消选区，选中填充为黑色的图层，按Ctrl+T快捷键，打开"自由变换工具"，调整黑色投影的大小并将其移动到合适位置，按住Ctrl键调整控制点，对透视关系进行调整，如图5-104所示。

图5-104

（9）为了使投影效果更加真实，选择菜单栏中的"滤镜"→"模糊"→"高斯模糊"，将"半径"调整为8.0，使投影边缘虚化一些，将该图层的混合模式改为"叠加"，调整"不透明度"为56%，使投影与公路的纹理融合，如图5-105所示。

（10）使用"曲线"（"色相/饱和度""色彩平衡"等均可）调整图层对球形飞船和整体场景进行调色处理，完成合成，如图5-106所示。

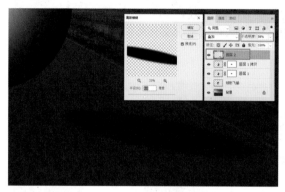

图5-105

图5-106

5.5.3 在场景中添加光效

在后期合成中，常常需要按画面需求添加光效，以增强画面整体的氛围感。在添加光效时，不仅要调整画面中物体可能出现的阴影，还要注意光线在不同环境中的状态。下面将通过3个较常见的光效添加实例，说明在不同环境中添加光效的方法和注意事项。

首先，在平整的表面上添加光效。

当光线照到平整的地面时，会改变地面的亮度，光线的色彩会影响地面色彩。同时，平滑的地面会将少量光线反射到周围物体上。也就是说，在后期合成中添加光效时，除了光线照射的地方外，还要考虑对环境的影响，如图5-107所示。

接着，在不平整的表面上添加光效。

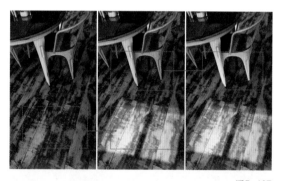

图5-107

当光线从侧面照向凹陷的地板、粗糙的墙壁等不平整的表面时，物体表面凹陷的区域内部并不会一并被照亮，因此在处理类似表面的光效时应该将这部分排除，使光效更加自然和真实。在图5-108中，在制作光效时使用"混合颜色带"纹理溶图方法进行调整，将地面凹陷处还原，使光效更加真实。

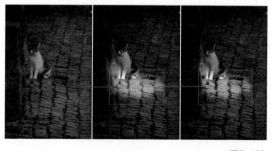

图5-108

然后，在充满雾气的环境中添加光效。

在后期合成中，经常会有意添加烟雾等效果来增强画面的氛围。当光线穿过水雾、烟雾、尘埃等时，会产生丁铎尔现象，光线的路径也会显现出来。因此在后期合成时，如果需要在类似的环境中添加光效，就应当同时对场景中的光做相应的处理，如图5-109所示。

下面通过一个案例来演示合成作品中光效的添加方法。

图5-109

案例：城堡与烟火

实例位置	实例文件>CH05>案例：合成中的光效处理.psd
素材位置	素材文件>CH05>城堡.jpg、烟花.png、烟雾.jpg
视频名称	在合成中处理好光效与环境的关系.mp4
技术掌握	在合成中处理光效与环境的关系的方法和技巧

本案例演示的是如何对合成作品中的光效进行处理，原图和效果图如图5-110所示。

图5-110

> **思路分析** 当在城堡场景中加入烟花素材以后，地面的建筑物也会被烟花照亮，在燃放烟花时，还会产生烟雾，而烟雾也会被照亮，因此在合成时必须考虑这些要素，才能使作品更加真实。

■ 操作步骤

（1）在Photoshop中，打开"素材文件>CH05>城堡.jpg"文件，将"素材文件>CH05>烟花.png"素材放入其中，调整"烟花.png"素材的大小和位置，该素材虽然为透明背景的PNG图片，但画面中的黑色去除得不很干净，所以将对应图层的混合模式改为"滤色"，如图5-111所示。

（2）将"烟花"图层隐藏，在"背景"图层的上方建立"曲线1"图层，用于调整场景的亮度和色彩。根据烟花的亮度和色彩，调整曲线，首先在"RGB"通道中调整亮度，然后在"红"通道中为亮部增加一点红色，使亮光符合烟花的主要色彩，此时画面会整体变亮，如图5-112所示。

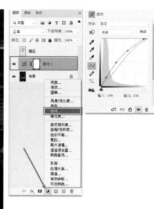

图5-111　　　　　　　　　　　　　　　　　　　　　　　　　　　图5-112

（3）选中"曲线1"图层的蒙版，按Ctrl+I快捷键，将蒙版反相为黑色，将曲线的调整效果暂时屏蔽，使用"硬度"为0%的柔边缘白色画笔涂抹蒙版中需要应用曲线调整效果的建筑局部，特别是白色的墙体等，这些局部相较于暗部反光更强，如图5-113所示。

（4）对于蒙版，如果调整的边缘过于明显，双击该蒙版，在"蒙版"的"属性"面板里将"羽化"值调高一些，使涂抹的边缘更加平滑，完成场景中光效的调整，调整完成后，打开"烟花"图层，如图5-114所示。

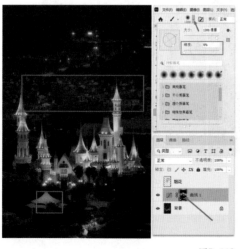

图5-113　　　　　　　　　　　　　　　　　　　　　　　　　　　图5-114

（5）在现实生活中，燃放烟花的同时会产生大量烟雾，所以导入"素材文件>CH05>烟雾.png"素材（也可以使用烟雾笔刷绘制烟雾），因为"烟雾.png"素材是背景为黑色的JPG图片，所以将对应图层的混合模式改为"滤色"，将黑色去除，仅保留烟雾。调整烟雾的大小、角度和位置，建立"烟雾"图层的蒙版，在蒙版中使用"硬度"为0%的柔边缘黑色画笔涂抹不需要的烟雾部分，根据需要，降低"烟雾"图层的"不透明度"，完成烟雾的添加，如图5-115所示。

（6）因为烟花是彩色的，而且现实中烟雾也会被有色彩的光线照亮，所以新建一个空白图层，给烟雾上色。先将该空白图层的混合模式改为"柔光"，然后按住Alt键在空白图层和"烟雾"图层之间单击，将其创建为剪贴蒙版，使空白图层的"柔光"色彩效果仅作用在"烟雾"图层上，如图5-116所示。

图5-115　　　　　　　　　　　　　　　　　　　　图5-116

（7）选择"画笔工具"，按住Alt键的同时单击，先对红色烟花进行取色，然后在空白图层上在红色烟花周围进行涂抹，使烟雾染上烟花的红色；吸取下方烟花的黄色，在其周围涂抹，使烟雾染上黄色。涂抹完成后，再根据需要调整染色图层的"不透明度"，即可完成烟雾上色，如图5-117所示。

（8）根据整体效果对"曲线1"图层和蒙版做进一步调整，按Alt+Shift+Ctrl+E快捷键，盖印所有可见图层，使用Nik Collection插件中的Color Efex Pro 4对图片进行进一步调色，因为烟花燃放时中心比较亮，所以勾选"变暗/变亮中心点"复选框和"阳光"复选框来添加场景中的暖色光与柔光，如图5-118所示。

图5-117　　　　　　　　　　　　　　　　　　　图5-118

小技巧 光影关系和光效的处理步骤较多，细节处理起来也比较复杂，应当尽量在前期拍摄时完成
光效的布置，这样后期处理时才能事半功倍。在图5-119中，手中的火球在前期拍摄时可
以用其他发光的物体替代，以制造光源，这样在后期进行创意合成时只需要对元素进行替换，而不
用进行复杂的光影塑造。

对于一些简单光效的添加，可以借助如Oniric Glow Generator 等插件来快速完成，如图5-120
所示。

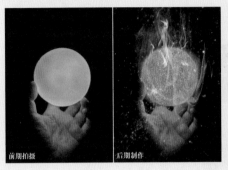 

图5-119   图5-120

5.6 互动关系

运用前面介绍的抠图、色调溶图、纹理溶图、光影关系等知识，可将合成素材完美地融
合。掌握了这些知识就能够完成大多数合成创作了。但如果希望作品更具整体性，画面更加
生动，就需要考虑得更加细致。在将从不同环境中获取的合成素材放入同一画面时，它们之
间可能会相互影响或联系，这称为互动关系。本节将着重介绍素材之间的互动关系，并通过
案例演示如何正确地处理这些互动关系。

在图5-121中，海面泛起浅浅的涟漪，这非常适合营造浪漫的画面，在选择素材时也应
考虑互动关系，A和B两艘帆船，哪一个更加合适呢？

结合互动关系稍加考虑，就知道B更加符合当前的主题和场景，因为微风中帆船的帆不应
该像A那样处于完全鼓起、向前行驶的状态。合成效果如图5-122所示。

图5-121   图5-122

在图5-123中，调整前，画面中的小孩与火烈鸟只是简单地拼合在一起，它们之间并没有互动，通过"操控变形"功能进行调整后，它们之间产生了互动，画面更加生动了。

图5-123

常见的互动关系涉及合成后画面中的人物视线方向、手指的方向、奔跑的方向。当合成玻璃、光滑的金属素材时，其表面应产生镜面反射效果；当合成下雨场景时，水坑应产生反射效果，并出现被雨水打湿衣物的路人；加入火堆等光源后，场景中物体的光影关系应发生变化，甚至火堆里飘起细小的火星等。在进行创作时，脑海中要将这些实际场景模拟出来，并适时做出调整。

下面通过一个合成案例来进行实战演练。

案例：合成中的互动关系处理

实例位置	实例文件>CH05>案例：合成中的互动关系处理.psd
素材位置	素材文件>CH05>街道.jpg、鲨鱼.png、气球.png
视频名称	在合成中处理好元素间的互动关系.mp4
技术掌握	合成作品中的互动关系的处理方法和技巧

本案例演示的是如何对合成中的互动关系进行分析和处理，原图和效果图如图5-124所示。

思路分析 本案例选用一条街道作为场景，通过仔细观察发现街道的一部分被阳光照亮，并且受到右方建筑的影响，街道上出现了部分投影。在素材方面，会加入鲨鱼和气球。除了溶图处理外，还需要对鲨鱼完成放入场景后的光照处理与投影处理。在互动关系方面，还需要考虑鲨鱼移动时对气球位置的影响。另外，气球光滑的表面会反射出周围环境。

图5-124

■ **操作步骤**

（1）在Photoshop中，先打开"素材文件>CH05>街道.jpg"文件，将"素材文件>CH05>鲨鱼.png"素材放入其中，调整"鲨鱼.png"素材的大小和位置，新建调整图层"曲线1"，将该调整图层调整到下方"鲨鱼"图层上，使调整仅作用于"鲨鱼"图层，在曲线中对色调和明暗进行调整，完成简单的溶图操作，如图5-125所示。

（2）观察场景中的光影关系不难发现，场景中有清晰的房屋投影，可以确定场景中的光源为强点光源，因此在"鲨鱼"图层上方建立一个"曲线2"图层，调整出阳光照射下的暖色调；同样，将该调整图层调整到"鲨鱼"图层上，使调整仅作用于"鲨鱼"图层。为了便于区分，将该调整图层重命名为"阳光照射"，如图5-126所示。

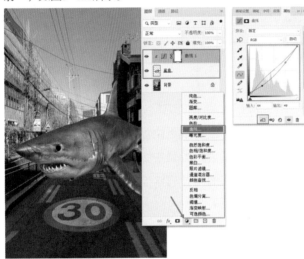

图5-125　　　　　　　　　　　　　　　　图5-126

（3）选择"阳光照射"图层的蒙版，按Ctrl+I快捷键，将蒙版反相为黑色，屏蔽"阳光照射"图层的调整效果。结合场景中的光照情况，用"套索工具"在鲨鱼身上制作出可能会被阳光照射到的选区，将选区在黑色蒙版中填充为白色，使填充的局部调整效果显示出来，如图5-127所示。

（4）按Ctrl+D快捷键，取消选区，通过观察发现，亮部的边界太明显和生硬，显得不真实，所以双击"阳光照射"图层的蒙版，在"蒙版"的"属性"面板中调整"羽化"值，使明暗边界更加自然，如图5-128所示。

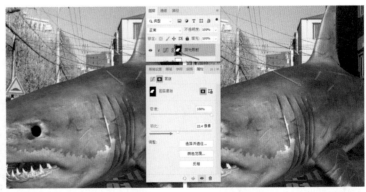

图5-127　　　　　　　　　　　　　　　　图5-128

（5）制作鲨鱼的投影。先新建空白图层，将图层重命名为"影子"，按住Ctrl键的同时单击"鲨鱼"图层的缩略图，得到鲨鱼选区，然后选择"影子"图层，按Ctrl+Delete快捷键，将选区填充为黑色（按Ctrl+Delete快捷键，填充为背景色，按Alt+Delete快捷键，填充为前景色，与工具栏下方的前景色和背景色设置相关），填充后按Ctrl+D快捷键，取消选区，效果如图5-129所示。

（6）将"影子"图层拖曳到"鲨鱼"图层的下方。按Ctrl+T快捷键，打开"自由变换工具"，按住Ctrl键，配合鼠标调整影子的形状、大小、位置和透视关系，然后将"影子"图层的混合模式改为"叠加"，如图5-130所示。

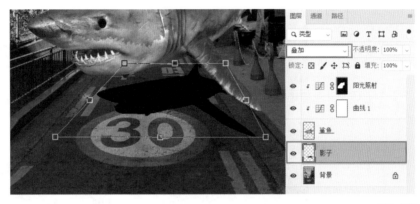

图5-129

图5-130

（7）为了让影子看起来更自然，选择"影子"图层，选择菜单栏中的"滤镜"→"模糊"→"高斯模糊"，使影子边缘模糊一些，再降低"影子"图层的"不透明度"，使投影更加真实，如图5-131所示。

（8）因为鲨鱼是局部受光的，所以对影子也应该做相应调整。为"影子"图层建立蒙版，参考鲨鱼局部受光的情况，在蒙版中使用"不透明度"为25%、"硬度"为0%的黑色柔边缘画笔，对影子进行局部淡化处理，使鲨鱼的投影符合真实的光照情况，如图5-132所示。

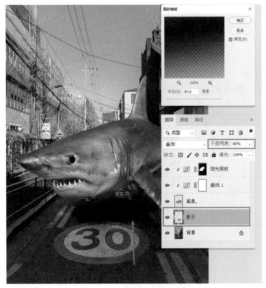

图5-131

图5-132

（9）导入"素材文件>CH05>气球.png"素材，调整其大小和位置。因为鲨鱼正在向前运动，所以将气球旋转一定的角度，右击绳子，在弹出的快捷菜单中选择"变形"，使气球的绳子呈现一定的弧度，并从鲨鱼嘴角伸出，让气球有向后飘的感觉，如图5-133所示。

（10）制作气球在鲨鱼身上的投影。创建一个空白图层，将其重命名为"气球影子"。按住Ctrl键的同时单击"气球"图层的缩略图，得到气球选区。根据气球的位置来判断，气球的投影并不会完全落在鲨鱼身上，因此在使用"套索工具"时按住Alt键，减去不需要的气球选区，仅保留绳子部分的选区，在"气球影子"图层中将选区填充为黑色，并将该图层的混合模式改为"叠加"，调整后的效果如图5-134所示。

图5-133   图5-134

（11）按Ctrl+D快捷键，取消选区，再按Ctrl+T快捷键，调整投影的位置，右击绳子，在弹出的快捷菜单中选择"变形"，调整绳子局部，使投影能贴合鲨鱼身体表面。根据实际情况，调整图层的"不透明度"，也可以适当进行高斯模糊处理，完成气球投影的制作，如图5-135所示。

（12）现实中光滑的气球表面还会反射出周围的环境，并且反射的物体会产生变形。选择"背景"图层，使用选区工具选择场景右侧的楼体局部，复制到新图层中，并将该图层重命名为"楼体局部"，如图5-136所示。

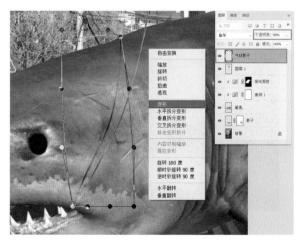

图5-135   图5-136

（13）先将"楼体局部"图层拖曳到所有图层上方，调整楼体局部的大小和位置，并将其拖曳到气球上，然后在自由变换状态下右击气球上的楼体投影，在弹出的快捷菜单中选择"水平翻转"使图像翻转，再右击气球上的楼体投影，在弹出的快捷菜单中选择"变形"，呈现出楼体反射在球面上的变形状态，最后调整该图层的混合模式为"柔光"，并降低"不透明度"，完成气球反射效果的合成，如图5-137所示。

（14）按Alt+Shift+Ctrl+E快捷键，盖印可见图层，使用Nik Collection中Color Efex Pro 4的相关滤镜进行润色和调整，如图5-138所示。

图5-137

图5-138

第 6 章
打造强大的素材库

本章导读

如果把后期合成比作搭建房屋，那么素材就是搭建房屋的材料，因此素材的查找与制作是后期合成中非常重要的一步。在后期合成中常常需要用到各式各样的素材，所以有时候后期合成人员常因为找不到合适的素材而影响整体进度。"兵马未动，粮草先行"，要提高摄影后期合成的效率，就必须打造一个属于自己的强大素材库。

素材是有个人属性的，根据个人的审美、偏好和擅长的合成题材，素材库也会有所不同。本章将全面介绍素材的获取、制作和管理等内容，帮助读者打造属于自己的素材库。

本章要点：

· 素材的获取与使用；
· 管理素材的方法。

6.1 素材的获取和制作

素材的获取与素材库的制作是一个长期积累的过程，要完成质量较好的后期合成作品，就需要足够丰富的素材。本节将介绍素材的获取和制作技巧，有助于读者快速搜集素材并制作自己的素材库。

6.1.1 神奇的笔刷

笔刷是常用的素材，常用于在后期合成中制作毛发、草、烟雾、云朵和光影效果等。在Photoshop中，笔刷就好比画笔的笔头样式，切换这些样式就能画出对应的图案。

除了Photoshop自带的样式外，网上还有许多Photoshop笔刷可免费下载。下载后通过笔刷的载入功能，就能增加各种不同的笔刷样式。

下面演示怎么安装和使用Photoshop笔刷。

（1）到相关网站下载或到网店直接购买Photoshop笔刷，将解压后的笔刷文件（一般是扩展名为abr的文件）放在相应文件夹内，记住笔刷文件的存储位置，方便载入时选择路径，如图6-1所示。

（2）打开Photoshop，新建任意一个项目，在工具栏中选择"画笔工具"后，单击工具属性栏中画笔样式旁边的下拉按钮，单击预设菜单右上角的齿轮形状的按钮，选择"导入画笔"，如图6-2所示。

图6-1

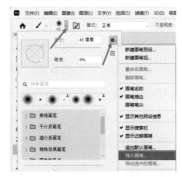

图6-2

（3）在弹出的"载入"对话框中，找到第（1）步保存的笔刷文件夹，选择笔刷文件并单击"载入"按钮即可，如图6-3所示，也可以同时载入多个笔刷文件。

图6-3

147

（4）单击工具属性栏中画笔样式旁边的下拉按钮，便可在笔刷样式的下拉菜单底部找到新载入的笔刷，如图6-4所示。

（5）选择新载入的笔刷，将前景色设置为需要的颜色，即可使用该笔刷画出需要的图案，如图6-5所示。

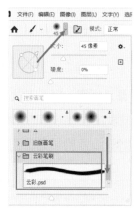

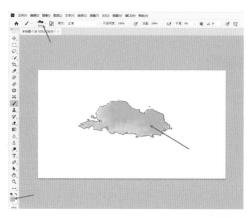

图6-4   图6-5

6.1.2 素材的获取

随着互联网的发展，通过网络搜索和下载的素材已经成为后期合成素材的主要来源。只要掌握了查找素材的方法，就能在网上快速找到自己想要的素材。

1. 常用素材网站

下面介绍几个常用的素材网站，这些网站上图片的清晰度和质量都很高，全部素材可以免费下载，部分素材可免费商用，这会单独说明。

- CC0：其中的所有图片都可以免费用于非商业及商业领域，如图6-6所示。
- Color Hub：高清无版权图片素材网站，支持中文搜索，个人和商业用途的图片素材都
  免费，并且可以按照片主色分类对素材进行搜索，如图6-7所示。

图6-6   图6-7

- Pexels：支持中文搜索，Pexels上的所有图片和视频均可免费使用，无须注明归属权，用户可以随心所欲地编辑Pexels上的图片和视频，如图6-8所示。
- Piqsels：支持中文搜索，是一个个人和企业都可以使用的免版税图库，如图6-9所示。

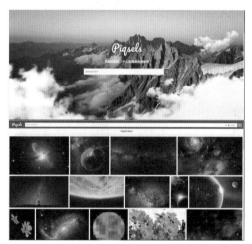

图6-8　　　　　　　　　　　　　　　　　　　　　　　　图6-9

- pixabay：支持中文搜索，同样是个人和企业都可以使用的免版税图库，如图6-10所示。
- Unsplash：其中的图片可随意使用及修改（直接销售的图片除外），不论是商用还是个人使用，都无须向上传者申请使用许可，如图6-11所示。

图6-10　　　　　　　　　　　　　　　　　　　　　　　　图6-11

- Foodiesfeed：一个以美食为主题的免费图库，除了不能拿原图直接贩卖和转载到其他网站之外，用于其他商业目的图片是免费的，可自由下载该网站上的图片，在后期合成时使用，无须为原作者署名，如图6-12所示。

除了以上素材网站外，还有PNG格式的素材网站，其中的素材背景是透明的，可以直接下载、使用，省掉了抠图步骤。

- CLEANPNG：可供个人用户免费使用，但不可商用，无须注册，也无下载限制，如图6-13所示。

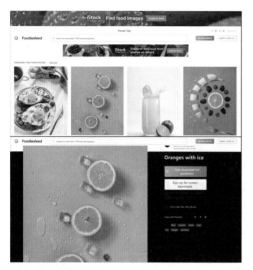

图6-12

图6-13

- freePNG：有大量免费的PNG格式图片可以下载，所有的图片都可免费下载，还可以通过付费一次性打包下载，图片可供个人自由使用，如图6-14所示。
- pngimg：有大量免费的PNG格式的图片，这些图片都可以免费下载并用于任何非商业目的，无须注册即可从中下载透明背景的免费 PNG 图片（分辨率和质量都较高），如图6-15所示。

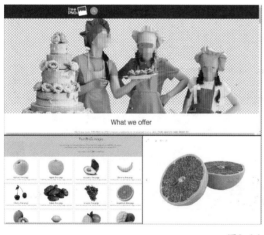

图6-14

图6-15

- pngpix：其中的PNG图片都可以免费下载，可免费用于个人、教育和非商业项目中，如图6-16所示。
- Stick PNG：其中的PNG图片同样可以免费下载，允许使用在个人非商业或教育项目中，如图6-17所示。

图6-16

图6-17

> **小技巧** 除以上素材网站外，还可以用各大搜索引擎查找需要的素材或网站，但特别提醒的是，根据使用目的，需要注意版权问题，尽量使用标记了CC0的图片进行后期创作。因为标记了CC0的文字、图片、音频、视频等作品无须著作权人同意，就可以复制、修改、发行等，甚至可用于商业目的，无须顾虑著作权风险。但值得注意的是，标记了CC0的图片所放弃的权利并不包含图中模特的肖像权等，因此在实际使用过程中，应留意是否存在此类侵权情况。

2. 搜索关键词的使用

在进行摄影后期合成时，如果对Photoshop的"替换天空"功能中提供的天空素材不满意，就需要在素材网站中搜索并下载新的天空素材。搜索时输入的词称为"关键词"，网站会根据关键词筛选出与之相符的素材，因此关键词的使用也有一定技巧。按照范围和作用，可将关键词分为直接关键词和间接关键词两类。

使用直接关键词进行搜索是较常用的方式，这样能快速筛选出需要的素材。当需要寻找天空素材时，首先想到的关键词便是"天空"，查找"天空"一词，便会出现各式各样的天空素材。如果我们需要晴朗的天空，便可以使用精确关键词，将搜索范围缩小，例如，搜索"晴天""蓝天白云"等关键词。

使用间接关键词能扩大搜索范围，相当于模糊搜索。当搜索一些直接关键词而无法找到想要的素材时，可以考虑使用间接关键词来扩大搜索范围。例如，若搜索"天空"没有而找到想要的素材，便可以尝试搜索"大海""草原""沙滩""沙漠"等间接关键词，因为这些搜索结果常常是带着天空的场景，如图6-18所示。虽然间接关键词的搜索准确度不高，但使用间接关键词常常能找到一些合适的素材。

3. 购买素材

如果你实在不愿意在互联网中花时间辛苦地寻找素材，那么可以直接购买素材。只需要在素材网站或网店中搜索想要的素材，支付相应的费用，就可以下载PSD、PNG等格式的免抠素材来使用，而且通常购买的素材质量较高，不存在素材分辨率太低、不清晰等问题。

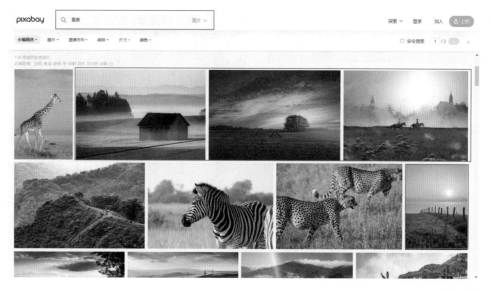

图6-18

6.1.3 素材的制作

通过网站搜索到的素材大多数是JPG等格式的背景不透明的素材，因此需要对素材做进一步加工。针对常见的素材，本节介绍几种解决办法。

1. 黑色背景或白色背景的素材

当一些JPG图片素材具有黑色背景或白色背景时，可以通过调整图层的混合模式，直接将其用在一些合适的场景中。在图6-19中，当在Photoshop中将黑色背景的烟雾素材的图层混合模式改为"滤色"时，黑色背景便被完美隐藏了，可直接用在合成作品中。

图6-19

而在图6-20中，当在Photoshop中将素材图层的混合模式改为"正片叠底"时，白色背景随之自动消失了，可以直接使用在合成作品中。

图6-20

需要再次提醒的是，当素材内部需要的部分具有白色或黑色背景时，使用该方法会对素材本身造成影响。在图6-21中，若将白色背景中素材的混合模式改为"正片叠底"，白色背景被隐藏的同时，闹钟的白色表盘会变得透明，这显然不是理想的效果。特别是当素材内部白色或黑色背景的面积较小时，此问题经常被初学者忽略。

图6-21

这时需要复制素材图层并把它移动到上方，将其混合模式改为"正常"，然后结合蒙版涂抹，将该部分重新显示出来，如图6-22所示，具体操作在前面已经讲得很清楚了，这里不再赘述。

2. 属于图片中一部分的素材

若所需素材只是图片中的一部分，就需要使用前面介绍的抠图方法对素材做进一步加工。在图6-23中，只需要图片中的飞机素材，因此需要抠图，完成后将飞机素材用到需要的场景中。

图6-22　　　　　　　　　　　　　　　　　　图6-23

3. 稀有或专属素材

　　有时会把自己或家人、朋友也融入合成作品中。对于一些很少见的拍摄角度、题材等，可能并不容易通过搜索或购买的方式找到合适的素材。这就需要事先构思好场景、角度和透视关系来自己动手拍摄素材。在图6-24所示的两个案例中，分别使用根据场景需求拍摄的"定制"素材和专属的家人素材等。

图6-24

　　如果有条件，可以在前期拍摄时使用纯色背景，这样能节省大量的后期抠图时间。当然，也可以借助Cinema 4D或其他建模软件自己动手制作需要的素材；用这些软件制作的3D素材的自由度很高，可以根据需要调整角度和光照方向等，再用到合成作品中。

> **小技巧**　在后期合成过程中一定要养成收集素材的习惯，特别是使用一些购买的和自己拍摄、制作的素材。这些素材在当前作品中使用完后，可以保存为PSD格式的文件，也可以保存为PNG格式的文件，还可以根据素材情况保存为白底或黑底的JPG格式的文件等，方便在以后的合成作品中重复使用。

6.2 素材的管理

通过长期的积累，素材会越来越丰富。随着素材数量和类别的不断增加，如何对素材进行妥善归类与科学管理便成为必须解决的问题。尽早养成分类管理素材的好习惯，能为后期制作节省时间。本节将分享一些素材管理办法。

素材通常按照类别和用途进行分类，例如，合成素材包括烟雾、动物、星空宇宙、天空天气、材质纹理、光效光晕等类别的素材；而每个主要类别又包含一些子类别，例如，星空宇宙素材又分为流星、星空、星球、星云、宇航等子类别的素材，如图6-25所示。这里列举的分类方法仅供参考，读者不必使用相同的分类方式，而可以按照自己的喜好进行分类，只要自己在后期合成过程中能够快速找到所需素材。

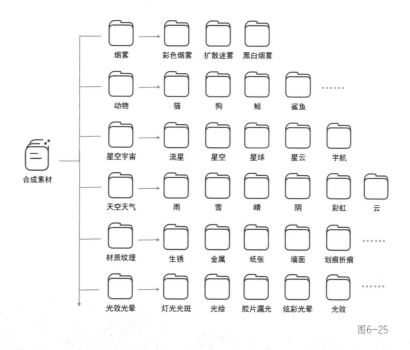

图6-25

通过对素材进行分类，就不用在大量图片中仔细辨别和寻找需要的素材了，这对于摄影合成初学者来说完全够用。但随着学习的深入，作品内容将会更加丰富，收集的素材也会越来越多，并且可能存在更多格式，特别是从网上购买或下载的素材包中。除了JPG格式外，还可能存在PNG、PSD、GIF、TIFF、RAW格式等。其中RAW、PSD等格式的文件无法在文件夹中直观地预览，对素材的选择会造成一定困难。为了便于直接对所有素材进行预览、管理和选取，这里推荐使用Bridge软件来进行素材管理。不少摄影师对这款软件非常熟悉，该软件容易使用。除了与Photoshop无缝衔接外，Bridge的图片评级和过滤功能还能够将素材按照质量和使用频率、用户喜爱程度进行进一步分类。

Bridge用户能够根据自己的习惯对"必要项""胶片""元数据""关键字"等进行设置，如图6-26所示（为了保证本书印刷效果，这里将其界面设置为灰色，其界面默认为黑色界面）。

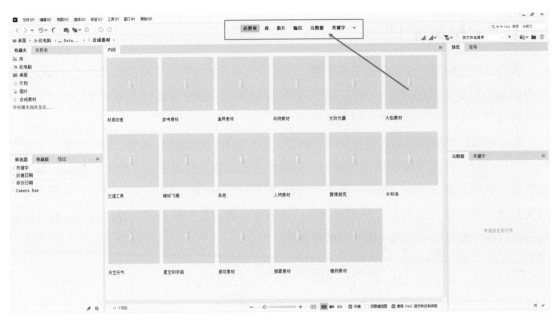

图6-26

　　读者可以根据自己的需要调整他界面布局，但这里建议保留。用于随意选择和切换文件夹路径的"文件夹"面板，通过评级、标签、关键字等对图片进行筛选的"筛选器"面板，用来查看素材缩略图的"内容"面板，如图6-27所示。

　　在"内容"面板中，选中素材缩略图，按空格键，在全屏模式下查看素材细节，如图6-28所示。在全屏模式下，按方向键，切换至下一张或上一张图片。单击图片任意位置便能将图片放大到100%。

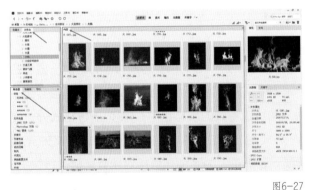

图6-27　　　　　　　　　　　　　　　　　　　　　　　图6-28

　　如果需要对两张或多张素材图片进行对比选择，可以先把需要对比的素材图片都选中，然后按Ctrl+B快捷键，进入审阅模式，进行比较。在审阅模式下，使用下方的放大查看工具，还可以进一步查看和比较局部细节，如图6-29所示。

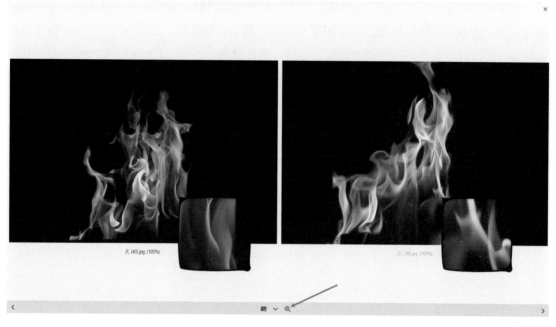

图6-29

启用Bridge的评级标星功能，选中任意素材，按Ctrl+1~5组合键，对该素材进行对应的标星处理，如图6-30所示。选中素材后，按Ctrl+1组合键，该素材就会被标为1星；按Ctrl+2组合键，该素材就会被标为2星；以此类推，最多可以标为5星素材。应用该功能，便可以按照素材质量和使用频率对其进行标星分级。例如，对于云朵素材，可以将素材中质量高、形态最好的标为5星，将形态好但质量一般的标为4星，将形态一般、质量一般的标为3星，以此类推。

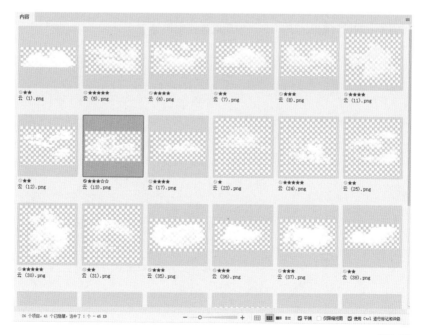

图6-30

　　将素材按照自己的习惯分级标星后，再结合软件的筛选器，就可以快速在素材库中对素材进行筛选，先看5星素材是否合适，如果不合适，再看4星素材，如图6-31所示。除了标星功能外，还可以根据喜好为素材添加颜色标签，组合键为Ctrl+6、Ctrl+7、Ctrl+8、Ctrl+9。

　　除此之外，在"筛选器"面板中还可以按照文件类型进行筛选，例如，若只想使用PNG格式的透明背景素材，便可以先从文件夹中筛选出PNG文件，再进一步按星级筛选素材，如图6-32所示。

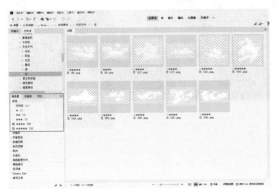

图6-31

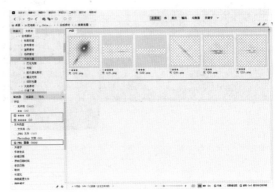

图6-32

小提示　　除了合成所用的素材外，还可以收集一些参考素材。参考素材主要在构建场景（特别是科幻场景或童话场景）时使用，如果仅凭自己想象，可能很难高效、高质量地完成创意合成作品。如果在构建场景之前就找一些同类型的素材作为参考，通过参考素材中的人物造型、道具、环境、光效、色彩搭配等，就能在前期和后期工作过程中提高效率。

除了源于图片外，参考素材还可以源于游戏、电影等场景。例如，若打算创作一组赛博朋克风格的城市夜景摄影合成作品，除了通过网站搜索参考素材外，还可以参考类似风格的科幻电影，从中寻找灵感，将需要参考的场景截取或拍下来，为后期创作提供参考。

第 7 章
培养独特的合成思路

本章导读

摄影后期合成就是按照创作者的意图，利用一些后期技巧来完成照片的二次创作，以实现前期拍摄无法达到的视觉效果，使作品能够完整地传递创作者想要表达的思想，实现二者的完美融合，这也正是后期合成的魅力所在。本章主要讲解重塑思路、重叠思路和融合思路，再结合一些摄影合成案例来帮助读者拓展思路，在今后的拍摄和后期合成过程中找到创作灵感。

本章要点：

· 后期合成思路；

· 后期合成的灵感来源和记录方法；

· 后期合成思路的拓展知识。

7.1 用摄影的方式看世界，用合成的思路去摄影

当现实画面被拍摄后，将它呈现在一个有边框的平面中，用摄影的方式看世界，这是一种将真实世界转化为平面图片的观察方式。作为一名摄影师或摄影爱好者，我们进入拍摄状态后，一定要充分发挥自己的想象力，当看到某个场景时，先在脑子里进行框选、取舍，形成一系列预想画面；然后，根据需要表现的主题或想要表达的思想进行选择；最后，使用对应的焦段和参数进行拍摄，将想法转化为摄影作品。这说起来挺复杂，一旦我们掌握了，其实就是一瞬间的事情。当我们积累了足够多的拍摄经验后，这就不难做到。学会用摄影的方式看世界，是学习摄影的关键一步，也是进行后期合成的先决条件。

要开始后期合成，就需要在摄影的基础上更进一步，用合成的思路去摄影。不仅要将看到的场景转化为平面图片，还要进一步将后期合成的思路融入其中。在看到场景时，不仅要构建出图片的样子，还要在大脑中根据表达的需要对真实场景进行改造，例如，改变颜色、重塑光影、改变比例、融入元素等。除了摄影和后期技巧外，我们还需要足够丰富的想象力。

在掌握了前面介绍的后期合成的相关技术后，相信读者已经能够满足各种后期合成需要。但运用成熟的合成思路去摄影对于一个新手来说并不是一件容易的事情。因此本章将以各种常见合成作品为案例进行总结，帮助读者初步建立一定的后期合成思路。了解这些形式和思路后，就能逐步建立起自己的合成方向与想法，再尝试去突破它们，形成自己独特的后期合成思路和风格。

7.2 重塑思路

"重塑"是摄影后期合成中经常用到且相对简单的合成思路，通常只用于对画面中的元素进行简单的修改、拼接或调整等。重塑思路常用于在前期拍摄的基础上对画面进行加工，或者用于合成素材的制作。只需要简单的后期合成技法，就能赋予作品更有趣的画面效果。本节将提供光影、色彩、虚实等重塑思路，并结合相应案例进行说明。

7.2.1 光影

对于摄影后期来说，光影重塑是很常见的。无论是人像摄影中对模特面部明暗的调整还是风光摄影中对局部光影的调整，光影重塑都是后期修图中经常使用的手法。例如，在建筑摄影中，明度建筑风格就是通过对建筑的光影重新进行塑造来实现的，如图7-1和图7-2所示。

图7-1

图7-2

　　在后期处理过程中先创建亮调、中间调和暗调3个黑白图层，再沿着建筑物每个面的边缘用"钢笔工具"依次创建选区，然后通过"渐变工具"和蒙版，对建筑原有的光影重新进行塑造，达到明度建筑风格的效果，如图7-3和图7-4所示。

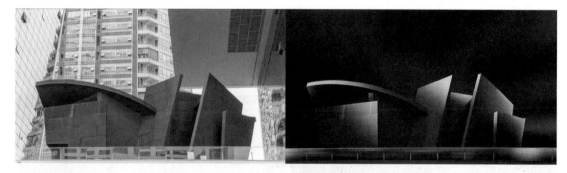

图7-3

图7-4

在摄影后期合成中，光影重塑完全可以摆脱现实的束缚，使用创造光影这种更加夸张的手法让作品"改头换面"。例如，在静物摄影中，完全可以通过在后期制造光影来改变原本单调的画面。在图7-5中，虽然将主体抠出并更换背景达到了简化的目的，但画面变得平坦，缺乏立体感。于是使用光影重塑的方法，增加了侧面的光线和花瓶的影子，使画面不再单调，且更加立体。

图7-5

按照该思路，还可以对其他原本平淡无奇的照片进行光影后期创作。在图7-6中，傍晚时分两个老人携手走在古城中，由于当时的天气是阴天，因此画面缺乏氛围感。在后期合成时，增加了夕阳穿过古城门的照射效果，营造出了两个老人挽着手向远处走去的氛围感，完成了《执子之手》这幅作品。

图7-6

在图7-7中，原图只是一张阳光下普通玻璃杯的照片，在后期合成时，笔者用手机拍摄了一张倒水动作的图片素材，抠取后放入照片中，并将该素材填充为黑色的，柔化边缘后再降低该图层的不透明度，使倒水的动作变成墙上的影子。于是通过创造影子，增加了影子与杯子的互动,最终完成了《影子与玻璃杯》这幅更有意境的摄影作品。

图7-7

  在风光摄影中,还可以通过绘制光线来进行光影重塑,实现不一样的场景效果。在图7-8中,原图采用了点构图,让渺小的骆驼队伍(画面的右边)在茫茫的沙漠中行走,以表现一种"沧海一粟"的感觉。但整体画面平淡,骆驼队伍很不明显,不能让观者在第一时间就看到主体,所以在后期处理过程中重塑了光影。首先,为了营造整体氛围,对画面整体进行调暗;然后,将调亮的"曲线"调整图层与蒙版相结合,用"画笔工具"绘制穿透云层的光线;再结合光影的互动关系,通过调亮和调暗的两个"曲线"调整图层,用"画笔工具"在蒙版中结合光束照射的位置对沙漠局部进行提亮和压暗,在强调骆驼队伍的同时,增加照片的层次和戏剧性。

图7-8

7.2.2 色彩

从彩色底片被发明起，色彩便成了摄影作品的一部分，色彩使摄影作品更加丰富，应用领域也更加广泛。而在数码摄影广泛应用的今天，简单地对色彩进行记录已经不能满足摄影师的要求了，他们常希望能像画家一样运用色彩来表达自己的想法。幸运的是，依靠现代软件和相关技术，通过后期合成就能轻易实现这种想法，摄影师完全可以按照自己的意图来调整或改变色彩，对色彩进行重塑。

色彩重塑可以通过对色彩的改变来实现新的画面效果。与普通摄影后期调色的不同之处在于，色彩重塑可以完全不在乎拍摄内容之前的色彩，而对色彩进行大幅度的改变或替换，通常会通过去色、上色、变色等方式来实现。

在图7-9和图7-10中，运用"黑白"调整图层，结合蒙版擦除，只保留伞的红色，达到了突出主体的目的。这种方式常用于处理色彩杂乱的图片，可以有效地屏蔽其他色彩对主体的干扰，操作简单且效果明显，用很多手机App就可以轻松实现。

图7-9

图7-10

在后期合成时，如果对主体的色彩不很满意，完全可以通过上色对画面色彩进行重塑，如图7-11所示，使用"色相/饱和度"调整图层的"着色"模式，对原图中建筑物的白色墙面进行着色处理，呈现不同的色彩风格，为后期合成打好基础。

图7-11

此外，还可以仅对常见事物的局部色彩进行重塑。在图7-12中，使用"色相/饱和度"调整图层的"着色"模式，结合蒙版，对水果果肉部分的色彩进行改变，使原本诱人的水果变得让人毫无食欲。

图7-12

在进行色彩重塑时，除了去色、上色、变色等方法，还可以大胆地尝试使用其他的方法来改变图片原有的色彩。在图7-13中，对原本的建筑照片进行反相操作后，白色的墙壁变成黑色的，深灰色的楼梯表面呈现出一种偏白色的发光效果，楼梯的尽头由黑暗的场景变成光明的场景，这赋予照片新的意义。

图7-13

7.2.3 虚实

摄影师常对大光圈或长焦距镜头带来的浅景深虚化效果喜爱有加,手机厂商也期望通过算法等实现背景虚化,以达到突出主体的目的。在摄影后期合成中,完全可以运用软件中不同的模糊方式,对照片的虚实进行重塑,以重新构建主体和环境的关系。

在图7-14中,原图是一幅用手机拍摄的作品,由于商场内环境较杂乱,因此拍摄效果并不理想;在后期处理过程中,在Photoshop中,将主体抠出后,选择菜单栏中的"滤镜"→"模糊画廊"→"场景模糊",进行处理,让照片中杂乱的背景变模糊,形成虚实对比,以"虚"的效果来弱化背景,衬托出"实"的主体,模拟出大光圈镜头的虚化效果,使主体更加突出、明确。

图7-14

另外，还可以通过为背景和局部添加模糊效果来制作富有动感的摄影作品。在图7-15中，在后期处理过程中将车辆抠出后，为"背景"图层添加动感模糊效果（先选择菜单栏中的"滤镜"→"模糊"→"动感模糊"），然后对车轮局部使用旋转模糊效果（选择菜单栏中的"滤镜"→"模糊画廊"→"旋转模糊"），完成这张无人驾驶的小车正在公路上急速行驶的照片。

图7-15

小提示 在对背景应用动感模糊效果时，为了避免出现汽车的拖影，需要先将"背景"图层中的车辆填充完整（选择菜单栏中的"编辑"→"内容识别填充"），再应用动感模糊效果。

在图7-16所示的《城市穿梭客》中，也运用类似的后期合成方法进行处理。

图7-16

当然，还可以跳出传统摄影的模式，按照自己的想法，通过各种模糊效果来简化或排除作品里多余的、杂乱的细节，形成不同的摄影艺术效果。在图7-17中，通过对摩托车旁边的环境应用动感模糊效果（选择菜单栏中的"滤镜"→"模糊"→"动感模糊"），配合蒙版进行操作，简化作品中不必要的细节。

图7-17

同样，在图7-18中，原图中天空上的云层较杂乱，色彩也不符合整体氛围，后期为天空部分制作了路径模糊效果（选择菜单栏中的"滤镜"→"模糊画廊"→"路径模糊"），模拟出慢门拍摄效果，通过模糊的方式有效简化画面中不需要的元素和细节。

而在图7-19中，后期使用高斯模糊效果（选择菜单栏中的"滤镜"→"模糊"→"高斯模糊"），在蒙版上使用"渐变工具"模拟出类似于移轴相机的拍摄效果。

图7-18

图7-19

7.2.4 瞬间

依赖现代先进摄影设备及其超强性能，高速摄影已经不再难以实现，这种独特的拍摄手法通过"凝固"人眼无法仔细观察的瞬间，展现出其独特的魅力，因此深受专业摄影师和摄影爱好者的喜爱。但由于它需要精准的时间控制和一定的巧合，因此给创作增加了难度，特别是当摄影师想表达一些意外瞬间时，无法仅通过前期拍摄来完成。下面将通过几个瞬间重塑的思路和案例，介绍如何通过摄影后期合成的方法实现对瞬间的完美"捕捉"。

在图7-20中，通过前期拍摄与后期合成相结合的方式，重现人物跳出飞机后经过窗户的瞬间。在前期，拍摄人物动作素材。在后期合成过程中，先将人物动作抠出来，放入飞机窗户的图片中。然后，添加蒙版，使用黑色画笔以涂抹的方式进行合成，完成这张很难"拍到"的照片。

图7-20

　　在高处拍摄城市风光的时候，常常会担心设备掉落，但如果能记录这掉落的瞬间肯定非常有意思。此时，可以下载相关素材，通过合成的方法"再现"手机掉落的瞬间，如图7-21所示。

图7-21

除此之外，我们还可以根据自己的想法，创造出一些现实中根本无法实现的精彩瞬间，如图7-22所示，通过前期拍摄和后期合成，实现类似于《水果忍者》的游戏画面。

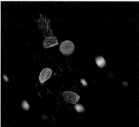

图7-22

7.2.5 拼接

"拼接"是一种简单的图片拼合思路，严格来说，这并不算合成的一种。只需要通过对两张或多张图片进行简单的裁剪，再按照一定的逻辑把它们重新拼合在一起，就能完成一幅新的作品。

图7-23所示为宣传环保的一系列拼接海报，它们通过上下两图的形状和色彩来完成拼接，描绘了燃烧化石燃料的破坏性后果。

图7-23

我们也可以尝试运用这种简单的拼接方法来创作，如图7-24所示，分别将猴子和毛刷、甜筒和灯泡、水龙头和瀑布拼接到一起，形成有趣的画面。

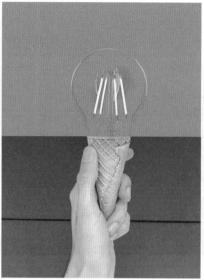

图7-24

图7-25所示的作品则运用了左右拼接的形式。

图7-25

7.2.6 旋转

旋转重塑常见的有局部旋转和整体旋转两种思路。局部旋转是指仅对画面中的部分结构进行旋转，形成正向和反向的对比效果。而整体旋转则是指通过不同的旋转角度来改变照片的构图，或将照片整体颠倒，如使天转为地，地转为天。

在图7-26中，用抠图的方式制作选区后，配合蒙版，有意地将地铁口外的场景与窗外的场景旋转后放置，实现颠倒的画面效果。

图7-26

如果采用整体旋转的方式进行创作，在旋转后通常需要加入正向的元素来丰富画面；否则，就只旋转了图片而已。图7-27所示的图片在整体旋转屋内场景的基础上，通过增加正向的椅子来使作品《颠倒屋》更加完整。

同样，在图7-28中，旋转城市照片后，在天空增加了正向的船只来丰富画面，这才算一幅完整的作品，否则旋转就失去了意义。

图7-27
图7-28

旋转重塑的思路在后期合成中经常用到，所以应该多加练习。当看到一个场景或建筑时，我们需要思考，如果将它倒过来是什么样子，这样便可以将原本不起眼的场景素材在后期处理过程中加以运用。在图7-29中，将素材整体旋转后，原场景中的建筑顶部变为底部，再将裁剪下的局部上色并运用到合成作品中。

图7-29

7.2.7 镜像

在摄影时，常会使用水面、玻璃窗、反光的建筑表面等来创造镜面效果，这种拍摄方法可以使作品更有表现力，但拍摄时往往会受到现场环境的限制，因此可以在后期合成中通过Photoshop的功能轻松弥补现场环境的不足。除此之外，镜像思路还常用来构建现实场景的另一半，塑造出左右或上下对称的镜像作品。在图7-30和图7-31中，后期对画布进行扩展后，通过对复制的原图图层进行水平翻转，制作出对称的镜像效果，并且镜像后组成的形状可使观者联想到眼睛。

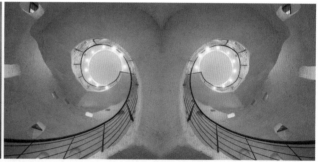

图7-30

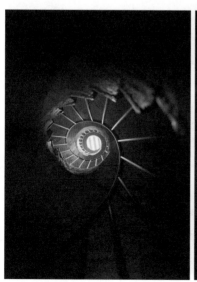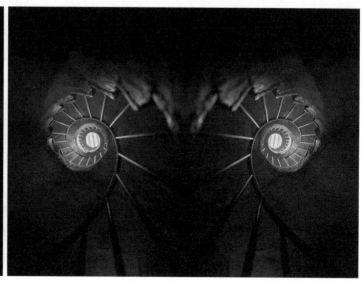

图7-31

在合成时，镜像的手法也会用于制作镜面或水面效果。在图7-32所示的作品《坠落战舰》中，便在后期合成中运用Photoshop中安装的Flaming Pear（水波倒影）插件制作出局部的水面效果。

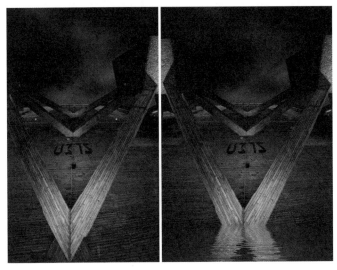

图7-32

镜像思路在后期合成中还可以用来屏蔽画面中多余的元素。图7-33展示了通过镜像遮挡住画面中多余的元素而制作出的简洁画面。

图7-33

另外，还可以使用镜像效果来实现一些不可思议的场景。将城市素材进行垂直翻转后拼合在一起，通过最终调色完成图7-34所示的作品。

同样，对于照片中的局部地面，可以通过制作水面反光效果来丰富画面，如图7-35所示。

图7-34

图7-35

　　如果把思路再拓展一些，对画面进行不同角度的多次镜像，便能实现多重镜像的效果，而镜像出来的独特建筑可以进一步运用在合成作品中，如图7-36所示。

图7-36

7.2.8 折叠

　　折叠重塑的思路常用在大场景中，简单来讲，这种思路就是对照片里的场景进行折叠，从而创建出新奇、特殊的效果。在图7-37中，在后期处理时对海平面进行了折叠，一张普通的照片顿时就变得不一样了。

图7-37

同样，还可以试着对城市场景进行折叠，如图7-38所示，在后期处理时，在Photoshop中，选中图片的下半部分，选择菜单栏中的"编辑"→"变换"→"扭曲"，对俯拍的城市道路进行折叠。

在运用折叠手法的时候，还可以适当增加一些元素来连接折叠的两个平面，使折叠场景更加生动。在图7-39中，将场景折叠后，在两个海平面间增加了一群海豚和多只海鸥，建立了两个平面的互动关系，使画面更加生动。

图7-38

图7-39

继续拓展思路，如果把画面中的元素与场景一并折叠，一定非常有趣。在图7-40中，除了对城市道路进行折叠外，还有意将加入的汽车折叠，给画面增加看点。

图7-40

7.2.9 变形

既然可以把照片中的场景看作一张纸，那么除了折叠以外，还可以使用"变形"功能将这张纸向内或向外卷，形成一个弧形。在图7-41中，在Photoshop中，先选择菜单栏中的"编辑"→"变换"→"变形"，将城市夜景照片先向内卷再向外卷，然后将它们合成在一张图中，最后添加星空素材，打造出星际空间的效果。

图7-41

除了这种变形方式之外，还可以对建筑等物体采用其他的变形方式。如图7-42所示，在Photoshop中，选择菜单栏中的"编辑"→"变换"→"变形"，通过手动拖曳的方法，为城市里的建筑物添加扭动的变形效果。

图7-42

7.2.10 扭曲

扭曲与变形类似，只是效果更加夸张。如图7-43所示，在Photoshop中，先选择菜单栏中的"滤镜"→"扭曲"→"极坐标"，制作一个圆环全景效果，然后在天空中添加一些飞鸟和云朵，完成最终的《环形城市》作品。

图7-43

而在图7-44中，同样使用"极坐标"滤镜（选择菜单栏中的"滤镜"→"扭曲"→"极坐标"）对场景进行扭曲，只是这次将原本的场景向外卷成一个球形，添加云、飞鸟和飞机素材后，制作出最终的《城市小星球》作品。

图7-44

当然，还可以试着仅对图片的局部进行扭曲，使画面中的正常部分与扭曲部分形成反差。如图7-45所示，在后期合成中，对天空局部使用"旋转扭曲"滤镜（在Photoshop中，选择菜单栏中的"滤镜"→"扭曲"→"旋转扭曲"），使天空呈现出一种类似于漩涡的效果。

图7-45

在图7-46中，先将近处的行人抠出来，然后对隧道远端中心的局部应用"旋转扭曲"滤镜（在Photoshop中，选择菜单栏中的"滤镜"→"扭曲"→"旋转扭曲"），使电梯扭曲成蜿蜒的轨道，完成最终的《扭曲的隧道》作品。以此类推，读者不妨试一试对纵深感很强的公路应用"旋转扭曲"滤镜，看看会有什么效果。

图7-46

如图7-47所示，在Photoshop中，在场景中添加一个钟表素材，选取中间部分后，选择菜单栏中的"滤镜"→"扭曲"→"旋转扭曲"，通过调整营造出一种时空混乱的感觉，然后叠加银河素材来丰富纹理细节，再配合蒙版擦出钟表的局部，最后进行调色，完成这幅《时空梦境》作品。

图7-47

7.2.11 比例

　　简单来说，比例重塑的思路就是通过后期合成改变人们认知中物体的比例关系。例如，将原本相对较小的东西通过后期技术变大，而将原本相对较大的物品变小。这种改变物体比例的后期合成方式往往能带来夸张而有趣的效果。在图7-48中，将前面案例中抠出的大熊猫素材以非常夸张的比例放到城市场景中，使用蒙版对遮挡关系进行调整后，完成这幅《城市里的大熊猫》作品。

图7-48

　　参照物在比例重塑这种后期合成思路中尤为重要，通常会用一些熟悉的建筑物、人物、动物、交通工具等作为参照。例如，如图7-49所示，以海边的人物作为参照物来衬托火烈鸟的巨大。

只要素材合适，通过比例重塑的思路就可以创造出更多的作品，如图7-50所示，小岛的一角和沙滩上的人衬托出了鸭子的巨大。

图7-49　　　　　　　　　　　　　　　　　　　　　　　　　　　　　　　　　图7-50

在图7-51中，原图只是在飞机上拍摄的一张照片，将一只小猫放在云朵中，以近景的飞机局部作为参照物，体现出小猫的巨大，这与人们认知里的小猫形成强烈的反差。

图7-51

上述案例都通过后期合成技术将原本小的东西变得巨大。当然，也可以将思路反过来，先尝试将大的东西缩小，然后放在一些常见的物品中。在图7-52中，使用蒙版将游泳池"装进"咖啡杯里。

图7-52

在图7-53所示的作品《手上的小人》中，同样采用大变小的后期思路，把跳芭蕾舞的小女孩放在手心里。

另外，还可以仅对动物或人物的局部进行放大或缩小，改变其原有的比例。在图7-54中，通过改变动物头部比例形成有趣的大头效果。

图7-53

图7-54

7.2.12 去除

在进行后期合成时，通常会通过添加或改变一些元素重塑作品，但其实有时通过去除一些元素或局部也可以实现优秀的画面效果。

极简摄影作品通过大量的留白使画面充满意境。在拍摄这类作品时，通常会采用控制曝光等方式来实现极简的效果。而在后期合成中，去除这一重塑思路在极简作品的创作中经常用到。在图7-55中，在后期处理时，先使用"钢笔工具"分区，再结合填充上色的方法，通过覆盖的方式，去除大量细节，制作出这种富有浓烈色彩的极简摄影作品。

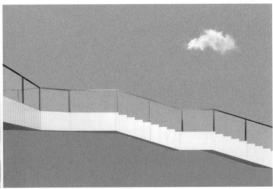

图7-55

在图7-56中，使用填充大量白色的方法去除雪景照片中大量的元素和细节，只保留雪地中的树，这张照片可以用到极简风格的合成作品中。

去除这一重塑思路也常用在后期合成素材的制作中，当素材不合适时，往往只需要几步操作便能使其派上用场。在图7-57中，使用选区工具将素材中多余的楼梯去除后，只保留部分楼梯和一个行人，最终完成这幅《登月者》作品。

图7-56 　　　　　　　　　　　　　　　　　　　　　　　　　　　　　　　　图7-57

另外，去除这一重塑思路也可以运用在动物身体的局部。在图7-58中，通过去除局部，先为斑马的白色部分创建选区，再添加蒙版，最终制作出斑马局部透明的效果。

图7-58

小提示　将主体抠出后，在下方"背景"图层中将主体位置的背景填充完整（选择菜单栏中的"编辑"→"内容识别填充"），然后为上方图层中的斑马局部建立选区，再使用蒙版，才能实现透明效果。

7.3 重叠思路

重叠思路主要是指运用一组作品中的多个素材或不同作品中有关联性的素材进行合成。相较于前面介绍的重塑思路来说，重叠思路则更难一些。在合成创作时，更加考验创作者的想象力。在进行重叠合成制作时，所用的合成技术并不难，难的是思路。因此，怎样重叠，什么元素与画面重叠是本节的重点和难点。本节将通过典型案例来介绍元素重叠、空间重叠和时间重叠，帮助读者深入理解重叠思路，在摄影后期合成中灵活运用。

7.3.1 元素重叠

在进行后期合成时，可以选择一些与主体相关的元素，通过重叠的方式将它们合成，这种重叠方式的效果有点类似于相机的双重曝光效果，能使原本单调的画面具有氛围感。元素重叠的合成方法通常非常简单，一般只需要改变素材的图层混合模式和不透明度就能完成合成。但对于初学者来说，如何选择元素进行重叠并获得不错的效果比较困难。在以下几个例子中，我们将通过联想的方式，由浅入深地将一些关联元素进行重叠。只要按照这个方向，我们就会发现元素重叠的合成思路其实并不难，反而十分有趣。

女性与美丽的花朵常常一起出现，以一位女性模特的照片为例，与合适的花朵素材进行重叠即可完成创作，如图7-59所示。

下面尝试使联想更加深入，使重叠元素更加隐晦。女性的柔情也常与水联系到一起，而水又与鱼有着密切联系，于是尝试将水中的鱼儿素材与模特照片进行重叠，完成元素重叠合成作品的创作，如图7-60所示。

图7-59

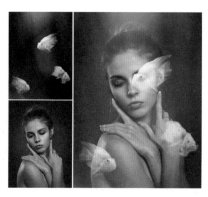

图7-60

当我们看到人物剪影时，会联想到夜晚的天空，在图7-61中，将黑色的剪影与银河进行重叠，同时有意将流星与眼睛的位置重合，增强元素之间的关联性。

掌握了这种合成思路后，便可以尝试在前期拍摄时，有意识地在现场拍摄一些与场景相关的素材，然后在后期处理中进行重叠合成。在图7-62中，在拍摄花园中的长廊时，先拍摄花园中的一些花朵，然后在后期处理过程中进行重叠，通过一张图片展现出开满鲜花的长廊，给人花香四溢的感觉。

图7-61

图7-62

另外，还可以将两个不同景别的镜头画面进行重叠，展示出人物所处的环境。在图7-63中，在牛仔的特写镜头中通过元素重叠将人物所处的环境也展示在画面中，这种方法在制作电影海报时经常用到。

按照这个思路进行拓展，可以尝试将自己的背影、肖像与喜欢的人、喜爱的风光进行重叠，也可以将自己的剪影与有趣的场景（例如，登山、打篮球、摄影等场景）进行重叠，甚至还可以将自己的思想、情绪等抽象化的东西通过重叠的元素进行表达。

图7-63

7.3.2 空间重叠

空间重叠就是指将不同空间的场景合成到一张图片中，使画面呈现奇异、魔幻的效果。空间重叠常常需要利用场景中的门框、窗户、梯子、水坑等元素进行过渡，可以把这些元素想象成一扇"任意门"，透过门，可以看到另一边的空间和环境。

通过空间的重叠可以改变图片中的场景，当重叠的空间恰当时，就能呈现出奇妙的效果。在图7-64中，运用蒙版改变列车驾驶室外的空间环境，使人感觉列车仿佛在空中行驶。

在图7-65中，通过地面的水坑衔接两个空间，使人感觉仿佛可以通过这里到达另一个空间。

图7-64   图7-65

　　将原空间中的地面与其他场景的地面进行重叠，也能获得非常有趣的效果。在图7-66中，将电车内部的地面变成户外的草坪，这样的画面更加具有大自然的气息。同理，可以将任何空间进行重叠，搭配出更多让人意想不到的效果。

图7-66

　　除了对不同的空间进行重叠外，还可以对相同的空间进行重叠。在图7-67中，右边这幅《多重人格》合成作品便是使用空间重叠的思路完成的。

图7-67

按照这个思路继续拓展，不难发现还有很多有趣的题材等待我们去发掘。例如，对于门外的星际空间、房屋里的海洋世界等，越将原本毫无关联的空间进行重叠，效果便越有趣。

7.3.3 时间重叠

时间重叠就是指将同一场景中不同时间的元素组合在一起，再运用后期合成的方法放置在同一画面中。时间重叠可以是两个时空的重叠过渡，也可以是多个时空片段的集合。

在图7-68中，使用后期合成技术，将冬季和夏季两个不同时间段的同一场景进行重叠过渡，以呈现出时空错乱的感觉。

图7-68

在图7-69所示的《恐龙与城市》作品中，将跨度更大的时空中的标志性元素放在同一个场景中。

按照这个思路，可以将人物在短时间内的多个动作进行重叠，实现重影或分身的效果，如图7-70所示。

图7-69   图7-70

同样，如果在前期拍摄中采用连拍的方式进行记录，便可以运用时间重叠的思路将一系列运动或舞蹈动作记录在同一画面中。

7.4 融合思路

融合思路中的绘画与现实融合、平面与立体融合就像摄影作品中维度的跨越，而元素的关联融合、真实与幻想融合需要创作者开启更大的"脑洞"，以实现更加天马行空的想法，通过后期合成把更多有趣的元素融合在一起。

7.4.1 绘画与现实融合

绘画与现实融合的方法就是后期在照片中绘画。与合成不同，对绘画不用严格考虑角度和透视关系，所以可以按照自己的想法使用绘画的方式进行创作，从而实现非常有趣的画面效果。

图7-71所示的这组照片中，绘制的元素与摄影作品中的场景形成互动，这种略显粗糙的绘画方式反而使画面充满了童趣。

图7-71

能画的东西还有很多，例如，消防栓可以画成一个小人的房屋，树洞可以画成星际空间站，只要有一定的绘画基础，就能将照片变成有意思的作品。

在拍摄照片时，可以在前期就构思好，有意识地拍摄一些适合绘画的素材。如图7-72所示，站在走廊上观察到两盏灯翻转过来后就像一个卡通人物的脸，所以将这个场景拍下来，在后期处理过程中对照片进行翻转，再通过绘画的方式完成这幅作品。

当然，还可以通过合成的方式使照片中的画变得"真实"，如图7-73所示，墙上的猫一半是涂鸦，而另一半变成真实的猫。

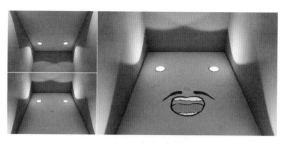

图7-72

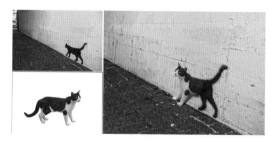

图7-73

在图7-74中，通过拓展前面的思路，使用后期合成技术模拟出这种超写实的"绘画效果"。

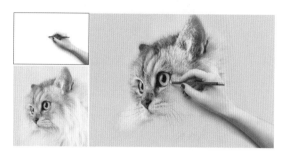

图7-74

7.4.2 平面与立体融合

平面与立体融合的思路就是通过后期合成的方式使照片中原本平面的物体变得立体，使物体给人一种"跃然纸上"的感觉。

在图7-75中，手机屏幕里的画面在我们的认知中都是二维的，但可以通过后期处理使屏幕上的图像变得富有立体感。

图7-75

通常，图片的边界时刻提醒我们这只是一张图片，但我们可以打破这种常识，在后期合成时改变图片的"边界"，有意使画面中动物身体的局部超出图片的"边界"，这就使图7-76所示的动物看起来是立体的。

图7-76

除了边界之外，影响判断的还有边框和线条，当照片中的动物打破这些边框和线条时，就能给人立体的感觉。将大象与蝴蝶的合成图放在类似于社交平台上九宫格图片的白框线条中，使大象局部的身体呈现遮挡关系，以获得一张具有立体感的照片，如图7-77所示。

当然，还可以通过逆向操作来打破常识，使本来立体的场景变得平面化。在图7-78中，给照片中的路灯加上影子，使背后的天空就像一块背景板，原本平淡的场景因为影子而变得与众不同。

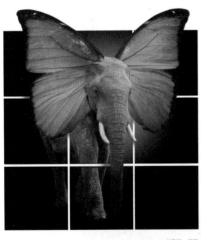

图7-77图7-78

7.4.3 元素的关联融合

元素的关联融合就是指对一些似乎有关联的东西进行合成，这往往会给人一种情理之中却又意料之外的趣味。

关联的方式有很多，较常见、较直观的就是形状和形态方面的关联，例如，当我们看到一个物体时，很容易就能联想到形状和形态与这个物体相似的东西。在图7-79中，街头的红灯颜色和形状能与3颗不同颜色的星球产生关联，在后期合成时找到对应素材，只需要适当调整颜色和光感就能完成作品。

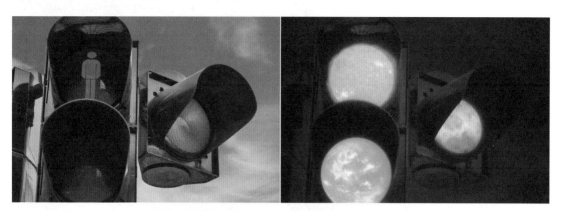

图7-79

人的眼睛和鱼的形状也可以形成类似的关联，如图7-80所示。

图7-80

在图7-81中，通过观察可知，企鹅的形态与花纹和斑点狗的有一定的关联，根据此思路进行合成。

图7-81

191

运用相同的思路就能对更多不同的动物进行关联重组，如图7-82所示。

图7-82

除了形状和形态的关联外，还有更深层次的一些关联，它们源于我们的感受。在图7-83中，手中的冰激凌会给人一种冰冰凉凉的感觉，将其与冰川、雪山关联起来，只需在后期合成中进行重组即可完成创作。

图7-83

在图7-84中，当我们看到漫天的雾霾等污染时，会产生呼吸困难的感觉，只需通过后期合成对素材进行重组，便可将这种感受呈现在作品中。

图7-84

7.4.4 真实与幻想融合

真实与幻想融合思路与前面介绍的合成思路有很多共同点，这里单独列出是因为幻想的内容往往更加不可思议，灵感可以来自凭空幻想或做的一个梦，往往用于将一些毫无关联的元素融合在一起。后期合成是一个从无到有的过程，没有做不到，只有想不到，通过后期合成可以让幻想变成"现实"。

小时候，我们在荡秋千时拼命地摇晃，幻想秋千能够高到飞上天。虽然这在现实中不可能，但是在后期合成中这并不难实现，如图7-85所示。

图7-85

同样，图7-86所示的作品的合成思路是踩着筋斗云在天空中飞翔。

图7-86

图7-87展示了能够在天上行驶的列车。

图7-87

本节介绍的思路的分类与总结只是示例，希望这些示例能起到启发的作用。读者不要将自己的思路固定在示例中，一旦了解和掌握原理，就可以发散思维，灵活运用，有时甚至可以在一幅作品中同时应用多种类型的合成思路。

通过本节的示例，相信你或多或少已经有自己的想法和思路了。现在我们不妨暂时放下手中的书，思考我们可以尝试完成什么样的合成作品，用笔将这些想法及时记录下来，并试着去实现它们。

7.5 从其他作品中寻找灵感

通过对常见的创意后期合成思路的学习，相信大家已经获得了不少灵感。虽然这种获得灵感的方式比较直接，但是一个人的力量毕竟是有限的，所以掌握了其中的技巧后，应该将灵感来源放眼于更加广袤的世界。本节将从其他大师作品、游戏场景、电影场景、绘画作品中寻找灵感，掌握了从这些优秀作品中获取灵感的方法，我们的后期创作思路将更加多样。

7.5.1 合成作品

摄影历史中不乏大名鼎鼎的摄影师，他们也有很多摄影合成作品，观看这些作品并了解作品背后的故事能为我们的后期合成提供灵感。曼·雷在前期拍摄中将玻璃珠摆放在模特脸上，拍摄出了这张拥有晶莹剔透的眼泪的照片，如图7-88所示，虽然照片是曼雷前期一次拍摄成功的，但这种巧妙的元素替换思路能够帮助我们在后期合成时获得灵感。

摄影大师何藩的作品 *Approaching Shadow*（《靠近阴影》）如图7-89所示。虽然这是他在1954年拍摄的作品，但是这是专门对照片局部进行单独处理而完成的作品。他还有非常多的多重曝光作品。

图7-88　　　　　　　　　　　　　　　　图7-89

　　虽然我们所处的时代和创作方式与大师不同，但理念和想法是可以延续的。在摄影艺术史中有很多合成艺术家，从他们的作品中也可以获得源源不断的灵感，例如，以下是一些合成摄影师的作品。

　　杰里·尤斯曼的部分作品如图7-90所示。

图7-90

　　玛丽·玛尔的部分作品如图7-91所示。

图7-91

桑迪·斯科格隆的部分作品如图7-92所示。

图7-92

特恩·霍克斯的部分作品如图7-93所示。

图7-93

当然，除了学习这些大师级的合成作品外，还可以在各类社交平台中关注一些国内外的合成摄影师，从他们的优质作品中获得一些合成灵感和思路。

7.5.2 游戏场景

如果你是一位游戏爱好者，那么你也能通过游戏场景获得一些灵感。图7-94所示的场景经常出现在一些魔幻类型的大型游戏中，当你发现喜欢的场景时，不妨将截图保存下来，为后期合成提供灵感。

如果你喜欢科幻题材，那么可以保存图7-95所示的科幻类游戏场景，它能为后期合成提供不少的灵感和思路。

图7-94

图7-95

7.5.3 电影场景

如果你是一名电影爱好者，千万别忘记保存你喜爱的电影场景。虽然不是所有人都有条件从电影里获得灵感并模仿电影里的角色，从而拍出不错的摄影作品，但是在这些电影场景里寻找后期合成的灵感和思路非常值得尝试。

例如，图7-96所示的这组截图均来自电影《雪莉：现实的愿景》，这部电影完美还原了爱德华·霍珀的画，构图和色彩搭配都非常讲究。

图7-96

类似的电影还有手绘油画风格的《至
爱梵高·星空之谜》，部分截图如图7-97
所示。

图7-97

当然，还有构图与色调都非常完美
的电影《布达佩斯大饭店》，部分截图如
图7-98所示。除了提供灵感外，这类电
影还能提升我们的审美。

图7-98

除了这些富有艺术气息的电影外，科幻类型的电影也是非常值得在后期合成时参考的电
影，如图7-99所示，这些科幻场景分别来自电影《银翼杀手2049》（左）、《第九区》（中）
和《降临》（右）。

图7-99

如果你经常在电影院观影，不方便将喜爱的片段保存下来，或者只记得一些喜欢的电影的名字，这不要紧，FilmGrab网站汇集了许多精美的电影截图，如图7-100所示。这些电影截图的光线、场景、造型等都非常有学习和参考价值，它们可以通过在搜索栏中输入导演、摄影师或电影的名字等来进行搜索。

图7-100

7.5.4 绘画作品

绘画作品也是很好的灵感来源之一，有很多大师的摄影作品的灵感就来自绘画作品。图7-101所示为摄影大师何藩（左）和郎静山（右）的作品，它们的意境与国画的意境相通。

图7-101

在图7-102中，这张由杰夫·沃尔于1993年拍摄的作品《风骤起时》（左），其灵感来自葛饰北斋于1831年出版的版画《富岳三十六景之骏州江尻》（右）。

图7-102

在图7-103中，由斯蒂芬·肖尔拍摄的《吉维尼的花园》（左）与莫奈的《睡莲》（右）绘画作品有一些共通之处。

图7-103

除了看一些世界名画外，还可以关注一些超现实的画作或者有趣的儿童画，这些作品更能激发后期合成灵感。当你观看了大量绘画作品后，后期创作时的想法就会越来越多。

本节介绍了一些灵感和思路的获得方法，在学习和练习阶段可以尝试通过临摹来提升自己，但一定要注意的是，临摹只是学习的方法，切忌简单模仿。我们要学会通过观看作品，把一些好的表达方式应用到自己的作品中，使之成为自己的东西。

由于篇幅有限，本节仅提供一些常见的灵感来源，读者可以把这个范围无限地拓宽，然后将获得的灵感融入自己的作品中。安塞尔·亚当斯曾说过："我们不只是用相机拍照。我们带到摄影中去的是所有我们读过的书，看过的电影，听过的音乐，爱过的人。"所以摄影其实是与每个创作者的生活和经历密切相连的，同理，合成的灵感也可能来自我们的生活和经历，可以是一部电影、一首歌、一个梦、一幅画、一篇故事，也可以是一段幻想、一个场景、一段历史、一段经历……

7.6 记录灵感的工具和方法

日常生活中我们常常会突然冒出各种有趣的创作想法，有可能是看到电梯里的某个广告而产生的想法，有可能是看到电视里的某个场景而产生的想法，也有可能是晚睡前的突发奇想。当你产生一个奇妙想法或创意的时候，一定要采用及时、有效的方式将其记录下来，否则可能很快就忘记了。

建议使用手机以拍、写、画等方式把灵感记录下来。有空的时候，翻看它们，并尝试制作合成作品。图7-104的左、中两张图源自手机备忘录，右图为合成作品。

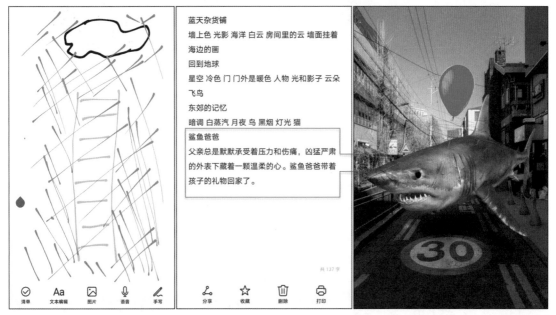

图7-104

7.7 在作品中设置"彩蛋"

在作品中设置"彩蛋"的想法来自电影和游戏，许多电影在结束字幕放完后会放一小段"彩蛋"。游戏中设置的一些"彩蛋"环节会让人惊喜不已。

在后期合成中，我们同样可以在场景中设置一些"彩蛋"，可以是一个躲在角落里的小人，也可以是街道场景中一块特别的广告牌……通过设置这些小细节，"彩蛋"可使观者记忆深刻。如果我们巧妙地将同一个有趣的元素作为"彩蛋"放置在同一系列的组图作品中，"彩蛋"将会成为一个很有趣的记忆点。在图7-105中，如果仔细观察就会发现，这组图中放入了同样的两只猫作为"彩蛋"。

图7-105

7.8 开启"脑洞"

通过对前面内容的学习，读者应该已经掌握了摄影后期合成的必备技能、合成素材的搜集和制作方法、合成的思路和灵感的获得方法。至此，我们已经具备了完成合成作品的一切基础条件。本节将梳理一些创作流程，帮助新手解决无从下手的问题。

在拍摄时寻找灵感，创作流程如图7-106所示。

图7-106

图7-107所示的《东郊的记忆》就是通过观察拍摄现场产生灵感，先拍摄素材，后期再加入辅助的烟雾素材制作完成的摄影合成作品。

图7-107

也可以有了灵感再去拍摄，创作流程如图7-108所示。

图7-108

图7-109所示的《飘浮的云》就是笔者早期学习合成时，回忆起小时候看的漫画而产生灵感，然后自己搭建场景并拍摄素材，后期再加入辅助素材制作完成的作品。

随着灵感来源的不断丰富，再配合一定的后期合成技巧，按照以上两条思路尝试创作，你就会发现可以进行合成的东西其实很多，完全可以拍摄手边的物品作为素材，后期制作出一幅不错的合成作品。图7-110所示的《半杯凉白开》展示的就是桌子上一个普通的水杯，在前期拍摄中只需要用透明胶布将水杯吊起，后期再结合蒙版进行擦除就可以了。

图7-109

图7-110

虽然上述两种常见的后期合成创作流程不完全相同，但是对于它们都先有灵感或思路，再进行素材的拍摄或收集。其实当我们的思路和合成经验足够之后，完全可以尝试抛开常见的规则和流程，按照一些"不寻常"的合成步骤进行创作。

7.8.1 在图片库中寻找灵感

很多摄影爱好者在接触合成之前就拍摄了大量照片，其中很多照片没能派上用场，拍完后就存放在硬盘里了。掌握合成的相关技术和思路后，完全可以直接从自己的图片库中去寻找灵感并进行创作，这与通常的创作流程不同，但能让图片库"新生"。创作流程如图7-111所示。

图7-111

　　在图片库里寻找素材的时候，一定要拓宽思路，不要只关注照片的当前状态，要跳出固有的思路，从多个角度去思考，如思考将图片进行旋转、翻转、上色等操作后是否可以再应用。图7-112所示的这幅《遥远的梦》就是对图片素材进行旋转、上色、抠取操作，再搭配其他素材制作完成的。

图7-112

　　不要只关注照片的整体，要培养自己的素材意识，如果照片不能作为主场景使用，就考虑去其糟粕，取其精华，判断照片中是否有可取的元素，将其从照片中抠取出来再运用。在图7-113中，将海鸥抠出后，在后期合成时将其融入另一个日落时的场景完成了《日落时的海鸥》这幅作品。

图7-113

　　在翻看整个图片库的过程中，要想着后期的做法和成品的效果，将想法、思路与后期操作方法等贯穿始终，这样实际操作起来就能胸有成竹。读者不妨打开自己的图片库，开启"脑洞"，运用本节介绍的方法，尝试将你的作品"挖掘"出来。

| 小技巧 | 不要删除你的"废片"。从摄影的角度来说，照片不只是唯美元素的展现，还承载着情 |

感、思想和意义，特别是那些记录下的人、事、物等，其意义远大于照片本身。所以不要以某个"标准"来判断是否删除照片，也许你当天拍完的时候，对拍摄的东西不太满意，但或许在10年、20年后"废片"积累到一定数量，就可以把它们重新编排、组织到一起，赋予它们新的"能量"，可一旦删除就放弃了所有可能。从合成的角度来说，在合成创作中没有废片可言，很可能某一张"废片"的局部就是你下一张合成作品的素材，如果你删除了，就要重新拍摄和收集这些素材，这会花费更多的时间。

7.8.2 展开联想，边做边想

笔者曾看过涂鸦大师在画布或墙上随意地泼上不同色彩的颜料，再以这些颜料的形态为基础进行创作。其实在后期合成时也可以尝试在没有思路的状态下，通过边做边构思完成合成作品。这种方法的自由度非常高，趣味性很强，不受前期思路限制，往往会得到意想不到的效果。但这种看上去很随意的合成流程并不简单，对于新手来说，成功率较低，很可能构思了半天还毫无想法，最后只能放弃。我们要放平心态，将这种方式当成练习不仅能让我们熟悉合成技术，还能锻炼我们的合成思维。当我们进行大量的观看、学习、思考与练习后，就能真正做到边做边想，通过联想完成合成作品。

第 8 章
Photoshop 合成综合案例

本章导读

通过对前面章节的学习，读者应该掌握了摄影后期合成中
灵感的获取方法、思路的建立方法以及后期合成的相关技
巧。本章将通过3个完整的实战案例来进行操作演示，并
提供相关素材，以便读者将所学知识应用到实际操作中；
通过从灵感到思路，再到实际操作的完整流程，帮助读者
将之前所学内容串联起来，形成完整的知识链。

本章要点：

· 完整的摄影后期合成流程；

· 理论联系实际。

8.1 案例：综合练习——回到地球

实例位置	实例文件>CH08>案例：综合练习——回到地球.psd
素材位置	素材文件>CH08>综合练习——回到地球
视频名称	综合练习——回到地球.mp4
技术掌握	后期合成的整体思路和技法

灵感来自街边的一扇造型独特的门，如图8-1所示，门的外边框呈现多层重复的结构，非常具有现代感，打算在后期合成时利用门框制作"空间重叠"效果，将太空与地球的日落场景合成在一个画面中。

图8-1

原图中门框的下半部分有植物，后期去除有些困难，所以这里考虑只抠取门框的上半部分，再利用镜像的方式组成一扇完整的门。在构图方面，采用左右对称的方式，将主体放在画面正中。在色彩搭配方面，使用对比配色，宇宙和星空采用较暗的冷色调，而门框中的色彩采用较亮的暖色调，形成冷暖和明暗对比。在光照和元素互动方面，门框中的光线会照射到地面，同时图中人物受到光线照射会在地面投射出较长的影子。为了便于展示合成思路，根据构思的场景，绘制草图，如图8-2所示。

图8-2

207

本案例中，人物处在逆光位置，为了使合成溶图和光影效果更加真实，这里用一张逆光下的人物图片作为参考，分析人物处于逆光下时身体边缘的光和地面的投影，方便在后期处理中对细节进行把控。人物图片如图8-3所示。

本案例要求对实拍照片进行后期合成，合成主题为星空、宇宙与人，除了对原照片进行抠图以获得素材外，还需要根据草图和主题收集星空等素材，如图8-4所示。

图8-3   图8-4

操作步骤

（1）在Photoshop中，打开"素材文件>CH08>综合练习——回到地球>门.jpg"文件，复制图层，运用"钢笔工具"将门的上半部分抠出，隐藏下面两个图层，如图8-5所示。

（2）因为这里只需要门框，所以再次使用"钢笔工具"建立选区，将门框内的局部抠除，如图8-6所示。

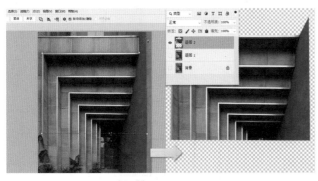

图8-5   图8-6

（3）选择菜单栏中的"图像"→"图像旋转"→"顺时针旋转90度"，如图8-7所示，旋转图片。

（4）按Ctrl+J快捷键，复制当前门框图层后，按Ctrl+T快捷键，进入"自由变换"状态，右击当前门框图层，在弹出的快捷菜单中选择"水平翻转"，使用"移动工具"分别调整两个图层中门框的位置，使它们组合成一个完整的门框，如图8-8所示。

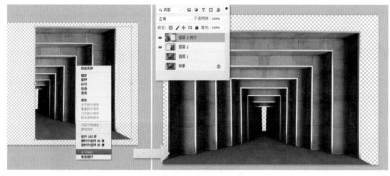

图8-7   图8-8

（5）使用"裁剪工具"扩展画布到需要的大小，建议设置比例为4：3，调整好后按Enter键，确认调整，如图8-9所示。

（6）拖入"素材文件>CH08>综合练习——回到地球>宇宙"素材并放到"门框"图层的下方，调整其大小使其铺满画布。随着图层的变多，为了方便区分图层内容，分别对图层进行重命名，如图8-10所示。

（7）在"宇宙背景"图层的上方建立一个深蓝色的纯色图层，并将该图层的混合模式改为"颜色"，以达到去除宇宙背景色彩的目的，如图8-11所示。

图8-9   图8-10   图8-11

（8）在"宇宙背景"图层的上方建立一个"曲线1"图层，使背景适当变暗，如图8-12所示。

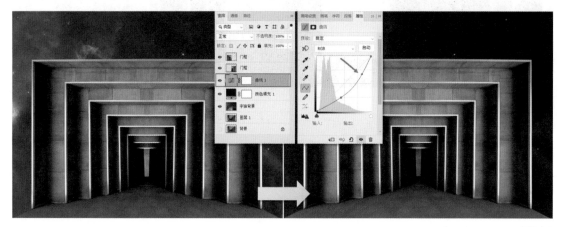

图8-12

（9）通过步骤（7）和（8）的调整，背景更像宇宙了，但星星感觉还少了一些。所以拖入"素材文件>CH08>综合练习——回到地球>星空"素材并放到"曲线1"图层上方，调整其大小和位置，把该图层的混合模式修改为"强光"，调整"星空"图层的"不透明度"为40%，增添满天繁星的感觉，如图8-13所示。

（10）按住Ctrl键的同时，选择两个"门框"图层，按Ctrl+G快捷键，把两个图层编为一组，方便下一步对门洞大小进行调整，如图8-14所示。

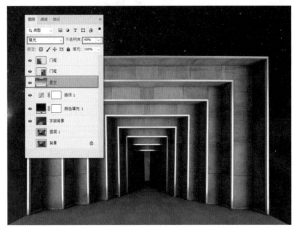

图8-13　　　　　　　　　　　　　　　　　图8-14

（11）将门洞的局部放大，使用"矩形选框工具"沿门框上边缘建立一个矩形选区，选择"门"图层组，按住Alt键的同时单击◻按钮，创建反相蒙版，完成门洞大小的调整，如图8-15所示。

（12）在门洞中塑造一个地球的日落场景。选择"星空"图层，单击◻按钮，在其上方建立一个空白图层（该图层应在"门"图层组的下方），并将其重命名为"日落"，如图8-16所示。

图8-15　　　　　　　　　　　　　　　　　图8-16

（13）选择"日落"图层，用"矩形选框工具"建立一个选区，选区比门洞稍大即可。选择"渐变工具"，单击上方工具属性栏中的渐变色条，打开"渐变编辑器"对话框，分别对渐变色条下方左边和右边两个滑块的色彩进行设置，使渐变色条变为由暗到亮的橙色，如图8-17所示。

（14）在矩形选区中从上到下拖曳，将矩形选区填充为渐变的橙色色块，按Ctrl+D快捷键，取消选区。门洞中日落的基础场景就搭建完成了，如图8-18所示。

图8-17   图8-18

（15）使用素材来丰富门洞中的日落场景。拖入"素材文件>CH08>综合练习——回到地球>云"素材到"门"图层组的下方，调整其大小，再将其移动到日落场景中，如图8-19所示。

（16）拖入"素材文件>CH08>综合练习——回到地球>鸟"素材并放到"门"图层组的下方，调整其大小，再将其移动到日落场景中。按Ctrl+L快捷键，打开"色阶"对话框，拖曳色阶滑块使鸟素材中的背景变白而鸟变黑，方便抠图，如图8-20所示。

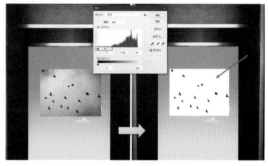

图8-19   图8-20

（17）将"鸟"图层的混合模式改为"正片叠底"，完成抠图。素材中鸟的数量有点多，所以给"鸟"图层建立蒙版，使用黑色画笔在蒙版中涂抹，去掉多余的鸟，如图8-21所示。

（18）按住Ctrl键，同时选择"鸟""云""日落"3个图层，右击图层，在弹出的快捷菜单中选择"向下合并"，将3个图层合并，将合并的图层重命名为"日落场景"，如图8-22所示。

图8-21   图8-22

（19）选择"日落场景"图层，使用Flaming Pear（水波倒影）滤镜插件，为日落场景的下半部分制作水面倒影效果，如图8-23所示。

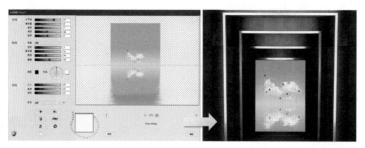

图8-23

（20）拖入"素材文件>CH08>综合练习——回到地球>人物"素材并放到"图层"面板的最上方，调整人物的大小和位置，如图8-24所示。

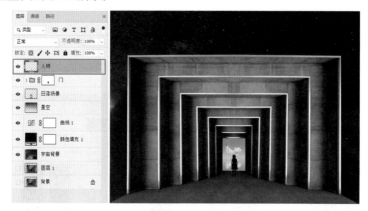

图8-24

（21）复制"人物"图层，将复制的图层重命名为"影子"，按Ctrl+T快捷键，进入"自由变换"状态，右击"影子"图层，在弹出的快捷菜单中选择"垂直翻转"，移动影子位置后，在按住Shift键的同时把影子拉长，如图8-25所示。

图8-25

（22）按Ctrl+L快捷键，打开"色阶"对话框，拖曳滑块使影子完全变黑。选择菜单栏中的"滤镜"→"模糊"→"高斯模糊"，使影子适当模糊，如图8-26所示。

（23）为"影子"图层建立蒙版，选择"渐变工具"，选择"基础"中的"径向渐变"，在蒙版中影子的位置拖曳出一个渐变效果，用于模拟出影子随着与光源距离的增加所产生的衰减效果，如图8-27所示。

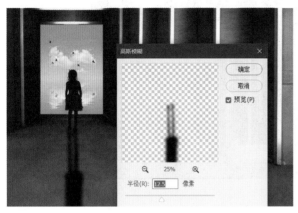
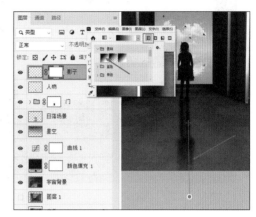

图8-26

图8-27

（24）分别对地面、墙面、人物的光照效果进行调整。在"门"图层组的上方新建一个空白图层，重命名为"地面光照效果"，使用"多边形套索工具"在地面按照光照范围绘制一个选区，如图8-28所示。

图8-28

（25）单击"前景色" ■ 按钮，用"吸管工具"吸取画面中的橙色，按Alt+Delete快捷键，将选区填充为橙色（这里也可以使用"渐变工具"将选区填充为从橙色到透明的渐变色，以模拟光线衰减的效果）。按Ctrl+D快捷键，取消选区，将图层的混合模式改为"柔光"，选择菜单栏中的"滤镜"→"模糊"→"高斯模糊"，将地面的光照效果适当模糊，并调整"不透明度"，如图8-29所示。

图8-29

（26）在"地面光照效果"图层上方再建一个空白图层，重命名为"墙面光照效果"，将该图层的混合模式改为"柔光"，使用橙色画笔在墙面对应的位置进行涂抹，使该图层适当高斯模糊后，调整"不透明度"，完成墙面光照效果的制作，如图8-30所示。

图8-30

（27）选择"人物"图层，双击图层右侧空白处，在弹出的"图层样式"对话框中勾选"内发光"复选框，将颜色设置为橙色，将"混合模式"设置为"滤色"，对照参考素材适当调整参数，使人物具有边缘光效果，如图8-31所示。

（28）对各图层参数进行微调，选择最上方的图层，按Alt+Shift+Ctrl+E快捷键，盖印可见图层，对盖印的图层进行整体调色，完成《回到地球》合成的所有步骤，成品如图8-32所示。

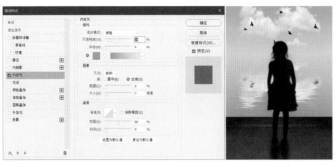

图8-31 图8-32

小提示 在合成过程中所有加入画面的元素都应该是为主题服务的，它们用于对主题进行表现或者它们是对讲述故事有帮助的东西。在《回到地球》这个案例中，分别加入了鸟和云两个元素，并删除了多余的鸟，只要加入的元素能够达到丰富日落场景的目的即可。在合成元素时不要贪多，更不要加入无关的元素。

8.2 案例：综合练习——孤帆远影

实例位置	实例文件>CH08>综合练习——孤帆远影
素材位置	素材文件>CH08>综合练习——孤帆远影
视频名称	综合练习——孤帆远影.mp4
技术掌握	后期合成的整体思路和技法

　　灵感来自在博物馆拍摄的一个楼梯，楼梯两侧的墙面纯白，线条造型非常独特，但楼梯下方过于平淡，因此可尝试使用空间重叠的思路来进行后期合成。楼梯原图如图8-33所示。

　　将楼梯外的空间通过合成替换为月光下的海面和帆船，并点缀一些云朵和海鸥等；在构图方面，采用左右对称的方式，通过楼梯上的线条和透视关系将观者视线引导到画面中央的主体上；在色彩搭配方面，使用对比配色，将楼梯处的白墙改成橙色（暖色），而楼梯外的空间采用海洋的蓝色（冷色），形成色彩对比，草图如图8-34所示。

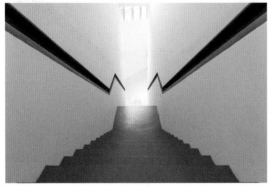

图8-33 图8-34

在本案例中，合成前后没有太多光影变化，因此可以不用参考素材。

本案例要求对实拍照片进行合成，我们需要先对原照片进行抠图，把有用的素材提取出来，然后根据草图和主题收集云朵、帆船、海鸥、月亮等相关素材，如图8-35所示。

图8-35

■ **操作步骤** ■

（1）在Photoshop中，打开"素材文件>CH08>综合练习——孤帆远影>楼梯.jpg"文件，复制图层，使用"矩形选框工具"将楼梯外的部分选中并抠除，为了使楼梯外的空间更大，在框选时可以稍微将选区扩大一些，抠除后隐藏"背景"图层，如图8-36所示。

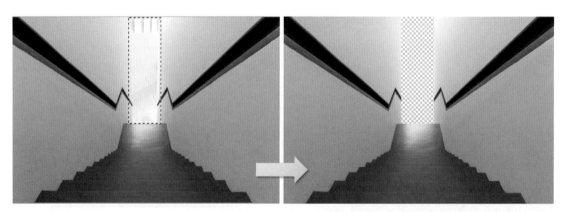

图8-36

（2）选择菜单栏中的"选择"→"存储选区"，在弹出的对话框中，将选区名称设为"楼梯外"，如图8-37所示，单击"确定"按钮，按Ctrl+D快捷键，取消选区。

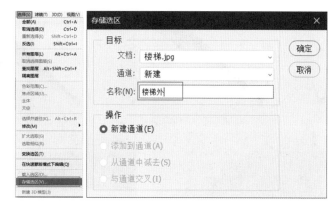

图8-37

（3）使用"钢笔工具"在楼梯左边的墙面上绘制选区，注意，将墙面上的线条从选区中减去，只保留白色墙面，选择菜单栏中的"选择"→"存储选区"，将选区名称设置为"左墙面"，如图8-38所示，单击"确定"按钮。

图8-38

（4）保留"左墙面"选区，新建空白图层，重命名为"左墙面"。单击▣按钮，单击工具属性栏中的渐变色条，在弹出的"渐变编辑器"对话框中，设置渐变色为由暗变亮的橙色，在"左墙面"图层上拖曳，绘制出画面中心位置偏亮的渐变效果，如图8-39所示，按Ctrl+D快捷键，取消选区。

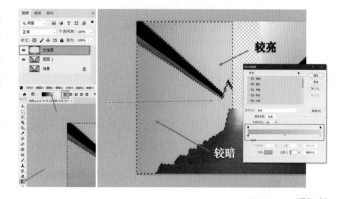

图8-39

（5）用相同的方法在右边的墙壁上绘制出选区，在绘制选区时，如果与存储过的选区有交叉，粗略选择即可；另外，同样要将墙面上的线条从选区中减去，如图8-40所示。

（6）在"通道"面板中，找到之前存储的"楼梯外"选区，按Ctrl+Alt组合键的同时，单击该选区，便可获得精确的右墙面选区，如图8-41所示，使用该技巧可以节省制作选区的时间。

图8-40

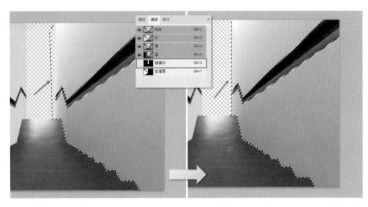
图8-41

（7）存储选区为"右墙面"。保留该选区，新建空白图层，重命名为"右墙面"，同样使用"渐变工具"为右墙面绘制由暗变亮的橙色效果，如图8-42所示。

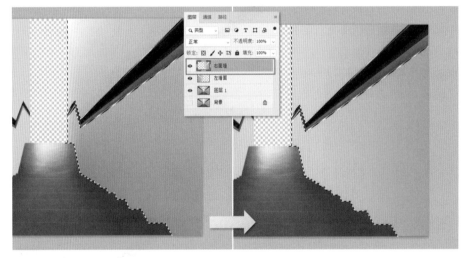
图8-42

（8）制作楼梯部分的选区，因为之前已经分别存储了"楼梯外""左墙面""右墙面"选区，所以这里只需要先使用"套索工具"大致选出楼梯，然后在"通道"面板中找到存储的选区，按Ctrl+Alt组合键的同时，依次单击存储的选区，将它们减去便可直接获得楼梯选区，如图8-43所示。

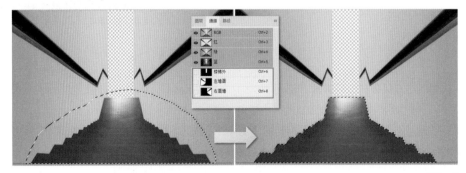
图8-43

（9）存储选区为"楼梯"。新建空白图层，重命名为"楼梯"，设置前景色为需要的深青色，按Alt+Delete快捷键，将前景色填充到选区中，将"楼梯"图层的混合模式改为"颜色"，并适当调整其"不透明度"，完成楼梯的上色，如图8-44所示。

图8-44

（10）先在"背景"图层上方新建空白图层，重命名为"天空"，再使用"矩形选框工具"绘制一个能够完全覆盖楼梯口的选区，然后使用"渐变工具"绘制出由亮到暗的蓝色渐变效果，如图8-45所示。

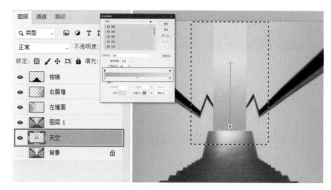

图8-45

（11）保留当前选区，在"天空"图层上方新建空白图层，重命名为"海洋"，设置前景色为需要的蓝色，按Alt+Delete快捷键，将前景色填充到选区中，如图8-46所示。

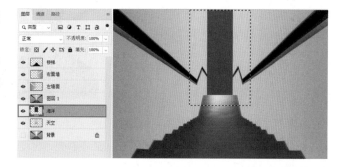

图8-46

（12）选择"海洋"图层，使用Flaming Pear滤镜插件，使海洋的下半部分呈现海面波纹效果，按Ctrl+D快捷键，取消选区，如图8-47所示。

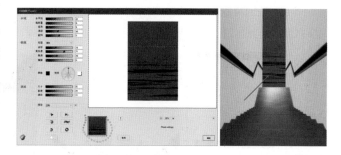

图8-47

（13）使用"矩形选框工具"将"海洋"图层中没有波纹效果的部分选中，并删除，按Ctrl+T快捷键，进入"自由变换"状态，调整海洋的比例和位置，露出海平面和天空，如图8-48所示。

（14）分别将"素材文件>CH08>综合练习——孤帆远影"中名称为"月亮""云""帆船""鸟"的素材拖入"图层"面板中，调整各素材的大小和位置，如图8-49所示。

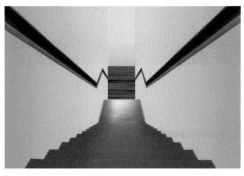
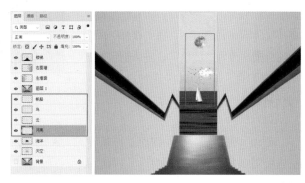

图8-48　　　　　　　　　　　　　　　　　　　　　　　　　图8-49

（15）选择"帆船"图层，使用Flaming Pear滤镜插件制作出帆船的倒影。如果打开插件后没有找到帆船，可以调整"水平线"和"偏移量"，找到帆船，如图8-50所示。

（16）选择"鸟"图层，创建蒙版，使用黑色画笔在蒙版中把多余的海鸥涂抹掉，仅保留几只围着帆船飞的海鸥，如图8-51所示。

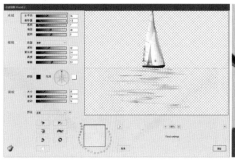

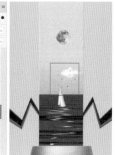

图8-50　　　　　　　　　　　　　　　　　　　　　　　　　图8-51

（17）对月亮进行处理，它现在看上去还不够亮，也没有发光的感觉。选择"月亮"图层，按Ctrl+J快捷键两次，复制出两个月亮图层，将这两个图层的混合模式都改为"滤色"，通过选择菜单栏中的"滤镜"→"模糊"→"高斯模糊"，为两个图层分别设置不同的模糊参数以模拟月亮发光的效果，如图8-52所示。

（18）按需对各图层进行微调，选择最上方的图层，按Ctrl+Alt+Shift+E快捷键，盖印可见图层，对盖印的图层进行整体调色，完成《孤帆远影》合成的所有步骤，成品如图8-53所示。

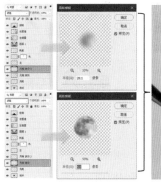

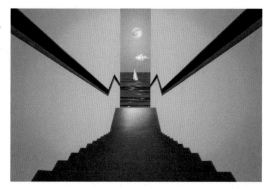

图8-52　　　　　　　　　　　　　　　　　　　　　　　　　图8-53

8.3 案例：综合练习——晚安城市

实例位置	实例文件>CH08>综合练习——晚安城市.psd
素材位置	素材文件>CH08>综合练习——晚安城市
视频名称	综合练习——晚安城市.mp4
技术掌握	后期合成的整体思路和技法

灵感来自《蜘蛛侠：平行宇宙》电影的海报如图8-54所示，海报中悬浮在繁华的城市里的人物让人印象深刻，可以用自己之前拍摄的照片合成一张具有类似效果的作品。

图8-54

将城市风光照片调整为夜晚场景，使其整体较暗，然后加入一弯新月，在图片库中寻找符合场景要求的人物照片，将照片中的人物抠出来，放在月亮上，再添加一只鸟使画面更加生动。在配色方面，可以将月亮调得偏黄一些，与场景形成对比，也可以保持原有的白色，采用相似色配色或整体偏蓝的单色配色，营造一种安静的氛围。在构图方面，为了使画面更加饱满，通过镜像和旋转建筑的方式，丰富图片的上半部分。同时，调暗画面，突出画面中心明亮的月亮和人物主体，草图如图8-55所示。

图8-55

因为合成图片中的月亮为发光体，所以需要对月亮上的人物进行一定的光影调整，为了方便在后期处理时对人物素材的亮面和暗面进行溶图，这里找一个相似场景的素材作为参考，如图8-56所示。

本案例要求对实拍照片进行合成，只需要将原照片垂直镜像就可以完成整体场景的搭建，需要用到月亮、姿势和月亮弧度相贴合的人物素材（提前从其他照片中抠出），以及作为点缀的飞鸟素材等，如图8-57所示。

图8-56

图8-57

操作步骤

（1）在Photoshop中，打开"素材文件>CH08>综合练习——晚安城市>城市.jpg"文件，复制图层，重命名为"城市1"，使用"裁剪工具"将图片的下半部分裁切掉，并向上扩展画布，如图8-58所示。

图8-58

（2）按Ctrl+J快捷键，复制裁切后的"城市1"图层，重命名为"城市2"。选择"城市2"图层，按Ctrl+T快捷键，切换到"自由变换"状态，右击该图层，在弹出的快捷菜单中选择"垂直翻转"，将翻转后的图层移动到画面上方，建立蒙版后，将天空中的多余部分擦除，使天空衔接自然，如图8-59所示。

图8-59

（3）分别选择"城市1"和"城市2"两个图层，选择菜单栏中的"图像"→"调整"→"颜色查找"，在"颜色查找"对话框中将"3DLUT文件"设置为"Moonlight.3DL"，快速调整出夜晚效果，如图8-60所示。

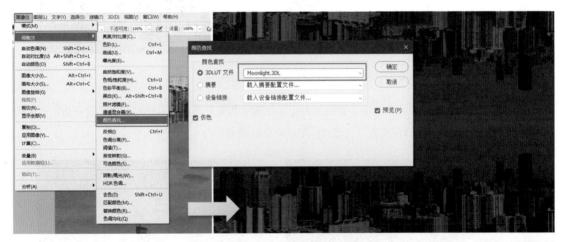

图8-60

（4）将"月亮"素材放进画面中，调整其大小和位置。这里需要的是弯弯的月亮，所以使用"椭圆选框工具"绘制出月亮局部的选区。在使用"椭圆选框工具"制作选区时，按住Shift键可以保证选区为圆形，按住空格键可以在选择过程中调整选区位置。选区制作完成后，按Delete键，将圆月变成月牙，按Ctrl+D快捷键，取消选区，如图8-61所示。

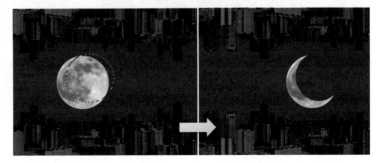

图8-61

（5）按Ctrl+J快捷键3次，将"月亮"图层复制3层，将复制的3个月亮图层的混合模式改为"滤色"。先分别选择"月亮1""月亮2""月亮3"3个图层，然后选择菜单栏中的"滤镜"→"模糊"→"高斯模糊"，在设置"半径"时，依次增大3个月亮图层的模糊效果（如果对高斯模糊参数不熟悉，可以在模糊前将图层转换为智能对象，这样方便反复调整参数），模拟出月亮发光的效果，如图8-62所示。

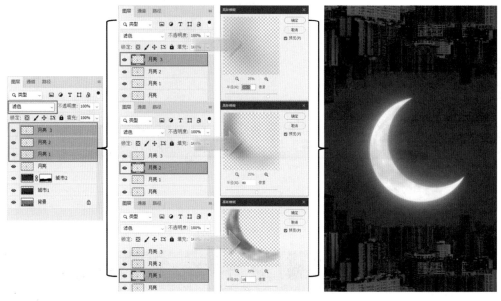

图8-62

（6）将"人物"素材放入画面中，调整其大小、位置和角度。如果对人物的姿势不很满意，可以选择菜单栏中的"编辑"→"操控变形"，进行调整，如图8-63所示。

图8-63

（7）在"人物"图层上方新建两个"曲线"调整图层，重命名为"调亮曲线"和"调暗曲线"，并创建剪贴蒙版，使两条曲线的调整效果仅作用于"人物"图层。根据实际需求，将"调亮曲线"适当下拉，将"调暗曲线"适当上拉。分别选中两个曲线图层的蒙版，按Ctrl+I快捷键，将蒙版反相为黑色，屏蔽掉调整效果，然后对参考素材中的光照情况进行分析，使用白色柔边缘画笔分别在对应曲线图层的蒙版上涂出人物中需要变亮和变暗的部分，如图8-64所示。

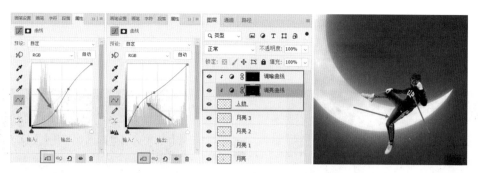

图8-64

（8）如果涂抹后的光线比较生硬，可以双击相应曲线图层的蒙版，在"属性"面板中将"羽化"值调高，这样在蒙版中涂抹的边缘将变得更加平滑，如图8-65所示。

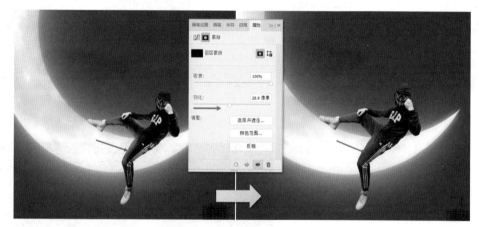

图8-65

（9）将"素材文件>CH08>综合练习——晚安城市>鸟"素材放入画面中，调整其大小、位置和角度，使用步骤（7）中的方法，调整一下鸟的光照情况，使其融入画面中，如图8-66所示。

图8-66

（10）将"素材文件>CH08>综合练习——晚安城市>星空"素材放入画面中，调整其大小和位置后，将"星空"图层拖曳到"城市2"图层的上方，并将其混合模式改为"强光"，适当调整"不透明度"，建立图层蒙版，在蒙版中使用黑色画笔将城市中的楼房擦除，仅保留天空部分的星星，如图8-67所示。

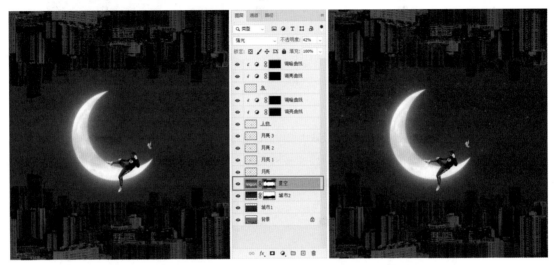

图8-67

（11）按需对各图层进行微调，选择最上方的图层，按Alt+Shift+Ctrl+E快捷键，盖印可见图层，对盖印的图层进行整体调色，完成《晚安城市》合成的所有步骤，成品如图8-68所示。

图8-68

通过上述3个案例可以发现，其实摄影合成作品并不像纯合成作品那样需要很多素材，也不需要使用太复杂的后期技巧。更重要的是想法和思路，有时候只需做很小的改变就能获得不错的合成效果。

第 9 章
进阶修炼

本章导读

前面8章对用Photoshop 进行摄影后期合成的相关知识和讲解进行了详细讲解。通过学习和实操，读者通过独立思考完成一幅属于自己的摄影后期合成作品已经不再困难，只要多加练习，在实战中积累更多的经验，技术就会越来越成熟。但学习从来都是无止境的，本章将对灵感的拓展、进阶的方法进行探讨，将知识拓展到书本之外，希望能够帮助读者在今后的学习中不断成长。

本章要点：

· 摄影后期合成的学习误区；

· 审美能力的提高方法；

· 创作灵感的延伸和拓展方法。

9.1 摄影后期合成的学习误区

本节总结了笔者在摄影后期合成学习和历年摄影教学中所遇到的一些学习误区，通过对这些常见误区的总结和分析，希望能帮助读者避免在今后的学习中少走弯路。

9.1.1 摄影爱好者的优势

曾听到摄影爱好者说："我们毕竟是业余的，水平也就这样了，与职业的肯定比不了。"其实在互联网高度发达的今天，我们可以随时随地进行专业知识的学习，不少摄影爱好者的装备可与职业摄影师的比肩。随着科技的发展，摄影设备与技术也越来越智能与先进，在拍摄时，需要我们精确掌控的东西越来越少，所以业余与职业的差距也在逐渐缩小。

其实在摄影历史中，摄影爱好者成为摄影大师的例子比比皆是。在全民摄影的时代，业余人士才是学习、探索的最佳"角色"，在很多方面业余人士反而具有优势。摄影不是摄影爱好者的谋生途径，他们可以毫无约束地按照自己的想法进行拍摄和后期合成，不用像职业摄影师那样顾及用户的审美和要求。摄影爱好者是摄影圈里快乐的人，可以尽情地探索，随心拍摄与创作自己喜欢的作品，无拘无束的状态是有利于摄影创作的。

9.1.2 模仿是学习，而不是创作

齐白石曾说："学我者生，似我者死。"模仿只是学习的方式，不是创作的方法，模仿的目的是通过模仿这一学习方式进行练习进而掌握方法。我们最终是要通过掌握的方法实现自己思想的表达，这样才能走出别人的影子，创作出属于自己的作品，真正地进入后期创意合成的大门。

1. 天下没有"速成"的技能

"速成"仿佛已经成了网络教程的"标配"。诸如"十天精通后期合成""三天搞定创意摄影"这样的标题常出现在广告中。仔细看看内容就知道，大多数的速成秘诀直接告诉你如何调整参数，让你用同样的图片进行操作，不会详细讲解其中的原理和思路。学员通过模仿同样的效果就觉得掌握了后期合成的全部知识，但是一旦脱离了模仿对象，仍无从下手。

2. 清醒认识同质化创作方式

随着网络的普及，摄影作品的同质化问题日益严重。很多摄影爱好者看到网上有趣的场景和构图巧妙的照片后，便追问拍摄者具体机位，然后拿着相机兴冲冲地跑到同样的地点，按照原作的拍摄角度与参数进行操作，在后期合成时也照搬参数或直接套用滤镜，从而完成一幅高仿的作品。最终作品效果好是因为摄影水平高，还是模仿力强，答案不言而喻。

曾几何时，以牵牛老伯、撒网渔民、茶馆抽烟的老人……为主题的照片红遍了各大摄影社

区，摄影爱好者纷纷前往拍摄，商家顺势抓住商机，收费为摄影爱好者提供全套服务，牵牛的牵牛，挑担的挑担，没有雾气就放烟，以保证"出大片"。作品中的"农夫"早已成了职业模特，这种具有表演性质的摆拍照片的同质化十分严重，采用同样的机位、同样的参数，拍出同样的照片，这与直接复制照片数据已经没多大区别了，通过这种方式"出大片"，顶多算一种娱乐。当然，不可否认的是，这种具有表演性质的娱乐摄影也是摄影，但我们在从中获得快乐的同时，还应该清醒认识到这种速成、盲目模仿的拍摄方式对提升自己的水平是没什么用的。

模仿只是学习方式之一，是有别于创作的。要提高，就要避免进入同质化的学习误区，要从别人的"影子"中走出来。只有作品里有了自己的思想，作品才真正属于自己。

9.1.3 不要盲目崇拜"标准"

从我们接受教育开始，试卷中的题目几乎都有对应的标准答案。对于摄影技术，也有标准。一旦掌握了这些标准，就能完成照片的拍摄，参考好的标准可以帮助我们快速成长和提高。但摄影艺术是没有高低之分的，艺术也是无法标准化和量化的。一旦我们盲目地确定"标准"，就限制了个性化的发展。

1. 不要让"标准"限制你的思路

我们走出门，在电梯里、地铁上、公交车上……随处都能看到各式各样的商业广告。为了达到宣传目的，广告必须符合大众审美，其内容通常比较"通俗"。这类广告与合成作品中通常具有明显的标志性内容。要表现"春节"主题，就会用灯笼、烟火；要表现菜品辣味十足，就会用辣椒、火焰；要表现医疗技术，就会拍穿着白大褂的人。想要不受商业广告影响很难，因为它们在我们的生活中随处可见，我们很容易潜移默化地将它们作为学习"标准"。确实，标志性内容是最直接的表达方式，但如果你的所有作品中都充满了标志性的物品，它们就成了毫无悬念的"大白话"，这些作品看多了就会让人审美疲劳。

我们可以从商业广告中找灵感，但要保持清醒的头脑，不要盲目地将这些范例当作"标准"，要勇于突破和尝试，在使用标志性内容的同时，也要思考如何超越"标志性"，这样才能冲破桎梏，获得提高。

2. 不要让"标准"限制你的审美

在网络和社交媒体十分发达的时代，我们很容易在网络上获得以前要苦心研究才能掌握的知识和技能，以及很多拍摄与后期合成的思路。但一些网络平台为了吸引更多的用户会推送很多唯美、新奇、夸张等类型的照片，这容易让初学者误认为这就是摄影的全部，这就是优质作品的"标准"。我们要时刻提醒自己，"美"涉及多个方面，就像电影不应该只有皆大欢喜的结局，还应有悲伤的、凄美的或者开放的结局。同理，这些推荐的作品也并不是全部的优秀作品，只有真正意识到这一点，不盲目崇拜"标准"，我们的审美和思维才不会被限制。

3. 作品的好坏并没有统一的衡量"标准"

对于摄影合成作品，笔者也曾追求故事性，认为每一幅作品都应该有一个故事，这样的作品才不会空洞，是否有故事性可以作为判断作品好坏的标准。然而，故事性其实并不是必要条件，还要看作品的实际用途和创作者的意图。例如，如果要创作一幅装饰画，故事性就变得很多余，因为对于再好的故事，听一千遍、一万遍也会腻，而没有故事性的抽象作品更加耐看。

总而言之，摄影属于艺术门类，不要被所谓的"标准"束缚，而自由度高恰恰是摄影后期合成的优势和特点，更不应该对照"标准"去约束它。当自己有一些"离谱"想法的时候，要大胆地去尝试，不要放弃拍摄和创作自己喜欢的题材，更不要放弃探索摄影与合成的各种可能，这样才能走得更远。

9.2 审美是提高的关键

掌握摄影及后期合成技术后，才能开始创作，所以技术是最基础的东西，没有基础就没有一切。技术就好比作品的"容器"，没有"容器"就不能承载内容。掌握了创作的基础技术，还要有自己的思路和想法，因此思路和想法决定着作品的"内容"。摄影后期合成技术不难学，难的是知道怎么做才能使作品"好看"。运用合成技术对素材进行简单的堆砌、融合并不能得到好的作品，当你掌握了技术，有了自己的想法，开始按照自己的思想创作时，审美就变得非常重要了。

知道什么是"美"，才能创造"美"。掌握合成技术后，审美就变得十分关键，它直接决定了作品的"内容"质量。如果不提高审美水平，便无法找到自己作品的问题，很快就会遇到创作瓶颈。

审美水平越高，就越容易发现自己作品的问题，即使摄影和后期合成技术还不够理想，但只要知道了自己的问题，哪些地方应该提高，再针对性地学习，就可以快速突破瓶颈，让自己处于一个不断提高的状态中。因此不论是摄影爱好者还是职业摄影师，除了不断学习拍摄技巧和后期合成技术外，还要提升审美水平。

审美往往不像摄影技巧和后期手法那样直观，常常被大家忽视。在互联网中搜索"摄影教程""后期合成"等，会发现大多数是一些技术性的教程，它们主要讲技术层面的东西，如相机性能、参数、镜头成像效果、抠图技术、溶图技巧等。其实摄影与后期合成远不只这些，即使有非常昂贵的器材，并且掌握了摄影和后期合成技术，作品也不一定能打动观众。设备和技术是基础，但它们始终是为内容服务的，因此提升审美是提高作品水平最重要的途径。

审美的提升是一个漫长的过程，不是通过几堂课、几本书就能提升的。因此在本节中我们会将知识拓展到书本以外，通过看、知、通3个层面来介绍审美提升的方法和途径。

9.2.1 看画展、画册和网图

"看"是提升审美的有效方法，首先要解决"看什么"的问题，所以"看什么"是本节要重点解决的问题。

1. 看画展

首先推荐的是去看画（影）展。现今网上的图片非常多，想看谁的作品都能搜到，为什么还要花钱、花时间去现场看展呢？

从某一方面来说，这其实就与去电影院看电影是一个道理。虽然很多电影在家也可以看，但电影院的屏幕更宽、更清晰，音效更震撼，更有氛围和临场感，这与自己在家看是完全不同的。当你在画展上看艺术作品时，你会感受到在计算机屏幕上从未有过的细节，特别是观看一些大幅作品，在现场看的感受和在屏幕上看的感受是完全不一样的。

图9-1所示是安德烈亚斯·古尔斯基的《莱茵河 II 号》（左）和沃尔夫冈·蒂尔曼斯抽象系列作品对应的现场大幅作品。

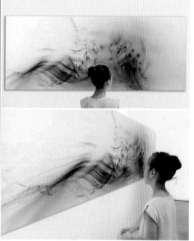

图9-1

这些作品只有在以大幅形式展示在我们面前时，我们才能如行走在作品中一般，缓慢且仔细地欣赏，观看作品的每一个细节。一旦这些作品被缩小了尺寸，通过手机或计算机屏幕进行呈现，它们所传递给我们的感受便弱化了，自然不可能像现场一般，引起我们内心的共鸣。

除此之外，画（影）展的布置也是相当讲究的，绝不是将作品随便往展厅墙上一挂就行了。在一个画（影）展中，从观看路线和顺序的设计、场景的布局到灯光的布置、背景音乐的设计、装饰搭配、作品的悬挂位置等都是策展人及艺术家本人按照主题、逻辑性和整体性精心策划与设计的，能帮助我们更好地理解艺术家及其作品。

关于如何看画（影）展，这里提供一些经验作为参考。几乎所有的画（影）展都会有简介，这些简介的内容包括创作者创作的背景和意图，能够帮助我们对作品进行更加深入的了解。除了文字解说外，有些作品会设置视频或音频解说等，我们可以一边听一边看。如果现场有解说员当然更好，但解说速度可能会比较快，可以先跟着解说员快速地了解一下，再细细地观看自己比较感兴趣的作品。

尽量保证足够的观展时间。当场馆里有视频介绍的时候，一定要留意观看，特别是在某位艺术家的专场展览中，视频通常会详细介绍该艺术家的经历和创作过程等，让我们清楚作品的拍摄目的、意义和想表达的东西等，从而理解这些作品好在哪里并进行学习。

如果有喜欢或存在疑惑的作品，那就拍下来吧！画（影）展一般是允许拍照的（但为了不影响其他观众，通常不允许使用三脚架和闪光灯）。虽然这些特别喜欢的作品拍下后只能在屏幕里呈现，但每次看到照片中的作品时就会想起当时观展的感受，从而产生灵感。如果在观展时实在没有理解作品的意图，存在疑惑，也可以把作品和介绍内容一起拍下来，回家后通过搜索资料慢慢研究。这种"拍下来"的方式是看展的辅助方法，目的是帮助我们进一步学习和了解作品。现场观看才是最重要的方式。有些看展的人急匆匆地进入展厅，把每幅作品都拍一遍就走了，这其实完全失去了看展的意义。

我们还可以约上有共同爱好的小伙伴一起看展。不论年龄大小，每个人的经历不同，理解的方式不同，看完展后的感受和理解自然也有所不同。通过互相交流和分享看展感受，我们可以收获更多。

2．看画册

有些城市可能不常有画（影）展，我们可以通过看画册的方式来提升审美。画册上的图与在计算机屏幕上看到的差不多大，没有画（影）展上大尺寸的优势，为什么还建议看画册呢？

是的，很多艺术家的作品能通过网络搜索到，但看画册与在网上看图仍然存在很大的不同。抛开画册高精度和高质量的印刷不说，其中最大的区别在于画册是创作者按照自己的想法和一定的顺序来排版作品的。例如，川内伦子的很多画册就是按照一定的逻辑来制作的，图9-2所示画册中的前后页和对页就是按照一定的联系排在一起的。

有些艺术家还会在画册中插入一些"绿叶"图，有些画册还附有简短的文字介绍。单看这些画册中的图可能是毫无意义的。每本画册都是艺术家的一个完整的项目，我们必须要按照画册顺序，静下心来反复观看，才能理解创作者的意图，才有可能获得启发。如果我们只通过网络搜索来观看图片，看不到它们之间的逻辑性与整分关系，仅关注单张作品的视觉效果，很可能无法理解其意义，所接收到的内容也十分有限且片面，这无疑增加了我们理解艺术家的作品的难度。

图9-3展示了一组摘自《照片的本质》画册的

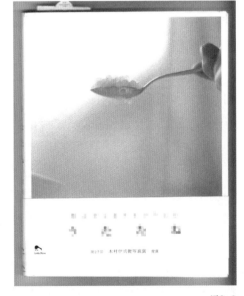

图9-2

图片，照片分别由爱德华·韦斯顿（左上）、斯蒂芬·肖尔（右上）、威廉·埃格尔斯顿（左下）、李·弗里德兰德（右下）所拍摄。

　　在我们对这些摄影师还不了解的情况下，在网上看到了这些单图时你一定会和我一样怀疑它们的价值。

　　但当你在《照片的本质》这本画册中看到它们时，联系画册的章节和摄影大师史蒂芬·肖尔简短的说明，你将会发现这些照片出现在画册中其实是有独特意义的。这时我们才会认识到，看不懂或许并不是照片的问题，而是自己观看方式或理解的问题，我们才会愿意花更多时间去尝试阅读画册中的更多内容，尝试去理解和学习，这才有可能跳出自己审美的桎梏，提高鉴赏能力。

图9-3

> **小技巧**　如果你已经在尝试购买画册，那么你一定会发现很多画册并不便宜，如果要把所有想看的画册都购买下来，费用确实较高。其实很多城市的大型书店里有画册，我们可以到书店去阅读，不必把所有的画册都买回家。如果当地或学校的图书馆有画册，也可以通过借阅的方式阅读。此外，我们也可以加入一些画册交流群，通过交换阅读减轻购买画册的经济压力，并分享阅读经验。

3. 看网络图片

　　如果不方便看画（影）展和购买画册，那么建议通过看网络图片来学习。网络图片具有资源丰富、不受地域限制、不用投入太多成本的优势，但网络图片较杂乱，水平参差不齐，初学者难以辨别自己审美能力之外的作品的好坏。所以如何选择对提升审美有帮助的作品是首先要解决的问题。只有搜寻到高质量、成体系的作品并观看、学习，分析作品的特点，才能通过作品学习创作思路、技巧并提升审美。下面将提供几类比较适合提升审美的网络看图途径，它们各有特点，读者可以根据自己的喜好进行选择学习。

高质量的专业摄影艺术类网站有严格规定和较高的审美标准，所展示的作品都是经过筛选的，通常有较详细的分类。有些网站中，艺术家们还会以项目的形式将作品展示出来，这些作品非常具有学习和参考价值。如摄影和视觉艺术作品类的网站Behance和1X等，其中Behance网站是属于Adobe公司的网站，其专业性不言而喻。国内则有像站酷网等较专业或筛选较严格的图片网站。图片社区类网站有图虫网、500px、米拍网等。通过这些网站欣赏别人的优秀作品也是一种学习与提高审美的途径。

关注和学习高水平正规摄影比赛的获奖作品也是一种提升审美的渠道，毕竟这些获奖作品都是专业评委们从许多优秀作品中精挑细选出来的。摄影比赛的种类很多，不同的摄影比赛有不同的侧重点，有些比赛会以单图的形式进行比较，有些比赛则会以组图的形式进行评选，有的比赛偏观念，有的偏艺术，有的偏纪实等。我们应根据自己的需求选择性地学习，如果希望提升作品的色彩搭配和美感，就可以多关注一些类似于哈苏大师赛的摄影比赛。下面将分类列举部分比较有参考价值的摄影比赛，读者可以关注一些自己喜欢的类型，学习参赛的优秀作品。

行业厂商举办的摄影比赛如图9-4所示。

专业机构或基金会举办的摄影比赛如图9-5所示。

图9-4

图9-5

摄影节、摄影媒体或画廊、美术馆举办的摄影比赛如图9-6所示。

由于篇幅有限，这里只列举了一些相对比较受关注的摄影比赛，还有很多有名的比赛同样值得我们关注。通过关注这些大赛，我们可以找到自己喜欢和想要学习的获奖作品，再通过作品了解其创作者，进行深入的学习，这会让我们的审美与技术都有不小的提升。我们的作品达到一定高度后，也可以参加这些比赛，通过比赛对自己的作品进行总结和分析，找出其与获奖作品的差距，这也是一个审美提升的过程。

图9-6

除了关注专业摄影艺术类网站和高水平的摄影比赛外，还要关注摄影师的个人网站或者社交平台账号。摄影师在个人网站与社交平台账号中会集中展示相关作品；通过个人网站我们可以深入了解摄影师的完整项目。有的网站还有采访交流与创作过程等视频资源，不像其他集合类网站那样随机地在各种风格之间切换作品，这有助于我们系统性地观看和学习。另外，我们还可以有选择性地看，找摄影师或艺术家最擅长的题材进行学习。

画展、画册和网络图片的异同如图9-7所示。

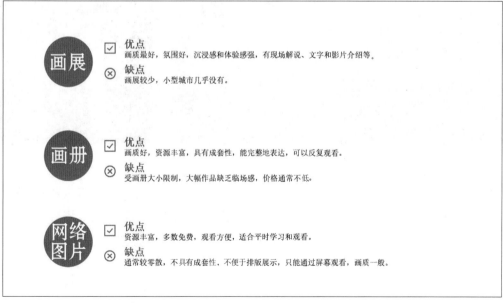

图9-7

9.2.2 知摄影艺术史

在提升审美的过程中会发现，对于历史上的许多摄影艺术家的作品，我们都看不懂，其中一个原因就是我们对摄影艺术史不够了解，审美水平不够。这是很多摄影爱好者普遍存在的问题，作为一种视觉形式的作品，摄影作品使得我们很多时候只关注作品表面的东西，但好的作品背后有许多重要的信息和意义。在欣赏摄影大师的作品时，需要结合当时的背景和摄影历史来看，因为摄影作品的优秀之处不仅在于拍得怎么样，还在于它们在摄影历史中的影响、作用和贡献。

摄影作品对世界的影响包括如何影响历史的发展，如何改变部分人的生活状况和命运，如何记录战争，如何记录社会现象等，我们要了解摄影大师为什么拍，而不只是怎么拍。只有了解了摄影艺术史，才能提高审美，"看懂"摄影大师的作品，体会图像的意义，而不是一直停留在作品的表面"美"。

只有了解艺术，才能创造艺术，不学习摄影艺术史，我们可能不会知道有一个叫朱莉娅·玛格丽特·卡梅伦的女摄影师，她48岁才开始摄影。而当时的她就开始有意识地在人像照片中运用虚焦的手法来体现柔美、模糊的美感，图9-8所示为朱莉娅·玛格丽特·卡梅伦的部分人像作品。

图9-8

不学习摄影艺术史，我们可能不会知道早在电影出现前就有摄影师开始在诗歌故事里寻找灵感。他们早已尝试通过布景、灯光、角色扮演和后期合成还原诗歌里面的场景。如图9-9所示，亨利·佩奇·鲁滨逊的《弥留》展示了一位身患肺结核并濒临死亡的少女，她的全家人束手无策地围着她。灵感就来源于英国浪漫主义诗人雪莱的一首诗歌。

不学习摄影艺术史，我们可能也不会知道早在1857年，古斯塔夫·勒·格雷就已经把天空和地面的两张玻璃底片进行合成冲放，得到一张曝光理想的摄影作品，如图9-10所示。

图9-9

图9-10

摄影艺术史的学习固然重要，但难免会感到枯燥与乏味。下面提供4种学习方法，读者可以尝试从喜欢的方向入手，使学习变得有趣起来。

1. 从兴趣入手

我们可以不用看相机的发展，以及成像材料和摄影技术的研究，而从自己的兴趣入手。例如，若喜欢合成，便重点了解摄影历史中的合成大师，看他们是怎么进行摄影合成与创作的，再了解他们为什么要这样做。

例如，通过阅读相关摄影艺术史就可以了解到，早在19世纪60年代，奥斯卡·古斯塔夫·雷兰德就开始根据预先绘制的草图，安排模特、道具，组织场景进行拍摄，最后用至少32张底片加工合成了《两种人生》这张作品。

类似的合成作品（例如，图9-11展示了多拉·玛尔于20世纪30年代拍摄和制作的银盐照片《无题》）很容易在摄影艺术史中找到。

还有一些不知道作者是谁的摄影合成作品，例如，图9-12所示的作品《坐在柳条扶手椅上的小女孩》（拍摄于20世纪前十年），这些作品的创作思路在今天仍然值得我们学习。

图9-11

图9-12

从自己感兴趣的摄影师或作品入手，然后以他（它）们为中心继续深挖和扩散，摄影艺术史学起来就会有趣得多。

2. 从喜欢的摄影师入手

我们在学习摄影艺术史的时候，总能找到一些自己喜欢的摄影师，还有一些不是专业摄影师但与摄影有着密切联系的艺术家，深入了解他们在整个摄影艺术史中的故事，对我们学习摄影艺术史也有帮助。

例如，笔者比较喜欢杰里·尤斯曼、曼·雷、安塞尔·亚当斯、萨尔瓦多·达利、巴勃罗·毕加索等，通过了解这些人物的经历，以及与他们相关的人物和历史事件，在更好地理解他们的作品的同时，学习摄影艺术史。

3. 从作品入手

我们可以购买图片比较多的摄影艺术史书籍，将书放在床边，睡前随意地翻一翻，不用仔细看文字，直接看图。当看到自己喜欢的作品时（例如，图9-13所示的罗伯特·卡帕的作品《被子弹击倒的瞬间》），再去看文字描述，了解作品的来源及其背后的故事，最后根据需求进行拓展阅读。

笔者第一次看到这张图时印象就非常深刻，惊叹于这瞬间的捕捉，随后带着好奇心去了解了作品的背景，以及罗伯特·卡帕的相关介绍和经历。这使笔者更加深入地了解了这幅作品的意义，而不是仅停留在"这张照片抓拍得真妙"，也真正地理解了罗伯特·卡帕说的那句话"如果你拍得不够好，那是因为你离得不够近"的意义。

罗伯特·弗兰克于1955年拍摄的《新奥尔良的电车》如图9-14所示，笔者当时十分不解这张作品究竟"好"在哪里，带着疑问对照片进行拓展阅读后，才了解了它的时代背景，从而理解了该照片的真正意义。

图9-13

图9-14

4. 从其他地方入手

除了以上3种方式外，还可以从摄影师的名言入手。例如，笔者曾购买过一本书，那本书收集了多位摄影师的名言，当看到喜欢或者不理解的名言时，笔者也会通过网络搜索相关资料，在了解的同时学习摄影艺术史。

此外，看电影也是一种学习摄影艺术史的方式。例如，观看纪录片《摄影艺术百年史》，观看以后再入手一本格里·巴杰的《摄影的精神》进行补充阅读，以对摄影艺术史有较全面的了解。其实这本书的原名就叫作《摄影艺术百年史》，当时是和纪录片配套销售的，书中常将不同时代但意义相近的照片进行比较，以帮助我们更好地学习和理解相关内容。

相信以上这些学习方法会让你的摄影艺术史的学习体验有趣得多。

9.2.3 通艺术通感

什么是艺术通感？

何藩曾说："我现在做的，就是用从电影借来的蒙太奇手法，将我读过的诗词歌赋、文学、音乐等艺术融在一起，这不单是画意、写实或新浪潮派，而是把不同的派系融合，只要切合拍摄的环境、所要求的意境就可以，不需要为它界定派系。"

以上这段话很好地阐述了艺术通感的意义，简单来说，艺术通感就是找到各种艺术形式之间的联系，运用这些联系来提升我们的审美，并将它们融入我们的作品中。

郎静山的《集锦摄影》运用了艺术通感，他的很多作品的灵感就取自古画、古诗词等。郎静山巧妙地将中国绘画风格融入自己的艺术风格，通过摄影和后期技法进行创作展示，其作品场景多为传统国画中的场景，非常有意境。

郎静山与张大千是好友，郎静山的妻子曾拜张大千、齐白石为师，而且郎静山的很多作品用张大千当模特，所以郎静山的作品多少会受到张大千的影响。图9-15所示为郎静山的摄影作品《森林之鹿》，为了实现画意效果，他后期在暗房中用叠放的方式，使用8张底片才完成制作。

我们也可以尝试将摄影及后期与自己其他的爱好（例如，绘画、唱歌等）联系起来，找到它们之间的联系，通过艺术通感快速提升自己的审美。

不可否认的是，有些人天生的审美就很好，有些人从小受到家庭或环境的影响，审美能力自然也高于其他人。对于普通人来说，后天学习是提升审美的唯一方式，审美学习更多的是认知上的学习，并不需要我们掌握复杂的摄影和后期技术，越早开始学习，审美越容易提升。

需要再次提醒的是，在学习审美时，切忌把自己放在"舒适圈"中。只接受自己喜欢的，能看明白的东西，这是很多摄影爱好者最容易出现的问题，这会导致即使学习时

图9-15

间再长，也只能获得认知范围内的提高。我们应该扩大自己的认知和学习范围，通过看、知、通的学习方式，在正确、高质量的作品中进行探索学习，尝试接受"美"的更多维度并持之以恒，审美就能获得大幅提升。

9.3 复盘，在自我否定中获得提高

复盘就是经过一段时间的学习后，通过不断回顾自己前期的作品，找出其中的问题和缺陷，在反复校正的过程中实现自我提高。复盘能够帮助我们更加精准地找到自己的问题，这要比其他人给我们指出作品的问题更直观，我们也容易理解、接受。

我们每隔一段时间或完成一个阶段的学习后，就应该通过复盘来"检验"自己以前的作品，特别是那些自我感觉良好的作品，它们更需要我们仔细分析。我们要思考画面是否存在问题，当时的想法和思路是什么，什么地方还存在不足，应该如何改进等。这种"自我否定"的复盘方式能够不断地帮助我们提高自身水平。同时，如果你在复盘过程中看到了之前看不到的问题，说明你的审美和技术在学习过程中确实得到了提高，这恰好也检验了你近期的学习成果。

9.4 将宝贵的灵感无限拓展

介绍完了思路、技巧、审美方面的提高，再讨论灵感的拓展。摄影后期合成不同于其他摄影类别，它不像风光摄影那样可以去更远、更美的地方拍让人惊艳的风景，也不像野生动物摄影那样可以记录许多罕见和危险的野生动物，而依靠自身的灵感和想法，以及一定的技术来完成作品。当我们有一个绝妙的灵感时，可以尝试将灵感不断拓展，以系列、组图、故事线等方式来呈现作品，使作品将更加系统和完整。

例如，《爱旅行的云》如图9-16~图9-21所示，这组图就是按照一定的线索来完成的，主要讲述的是幻想自己是一朵云去旅行的故事。灵感来自较早的一张合成练习图《被关在房间里的云》（图9-17中的照片）。《爱旅行的云》是笔者结合自己的经历和想法，将产生的灵感进行拓展而完成的一组图。虽然素材是从CC0图库收集的，严格来说不算摄影合成作品，但这种以组图进行呈现的方式，搭配恰当的文案或简短的说明，可使作品更具完整性。

它说它是一朵爱旅行的云。

图9-16

它坐着列车旅行，去看最美的风景。

图9-17

它在露营车中，去看雪山下的湖泊。

图9-18

它乘船出海去寻找海鸥，
它贴近清澈的湖面寻找游鱼，
它喜欢傍晚的大海，夕阳能温暖它的
身体。

图9-19

它在清晨的林间嬉戏，
它看见金色的阳光穿透树林。

图9-20

在沙漠它遇见同伴，
它呆呆地看着，
我想它一定是想回家了，

再见，那朵云。

爱旅行的云
2020.2.4 于成都

图9-21

写在最后

作为创意合成摄影师，当我们按下快门时，只是创作的开始而不是结束，我们要学会运用"真实"，而不是受限于"真实"。

我们要始终保持爱幻想的头脑，以现实为基础，尽情发挥想象。

我们要始终保持一颗热爱的心，永远对创作充满激情。

我们还要始终保持一颗好奇的心，不断地探索新的可能，保持对未知的好奇心，不断学习，不断提高自己。